方形织片的优雅变身

05…7 页

06…8 页

07…9 页

08…10 页

09…11 页

清爽典雅的女性风格

15…17 页

16…17 页

17…18、19 页

18…20 页

19…21 页

精美别致的夏日小物

25…28 页

26…29 页

27…30 页

28…30 页

29…31 页

U0226634

令人心动的配色方案

总是不知不觉就选了相同款式和颜色的服饰。

这个季节，索性加点富有朝气的色彩吧！

心情似乎也能因此明亮起来，变得更加自由、随性。

套头衫

在身片和袖子上排列四色花朵花片，
华丽却不失典雅。
使用手感清凉的亚麻丝线，
作品既清爽又透气，非常舒适。

设计：岸 睦子
使用线材：SKI Linen Silk
编织方法见34页

01

套头衫

虽然只是简单地编织成四边形，
但是镂空效果却使轮廓线条显得柔和。
使用 4 种颜色的棉线，
每次取 2 根并为 1 股编织，
沉稳大气的条纹花样非常引人注目。

设计: 冈 真理子
制作: 内海理惠
使用线材: SKI Supima Cotton
编织方法见33页

02

套头衫

与第4页的编织方法相同，
大胆的配色和宽松的款式，
使套头衫一下子变得休闲风十足。
棉线特有的顺滑手感非常舒适，
让我们一起清凉一夏吧！

设计: 冈 真理子
制作: 内海理惠
使用线材: SKI Supima Cotton
编织方法见33页

03

开衫

看似连接花片的开衫,
其实是交替使用2种颜色的线,
钩织成华丽的花朵花样。
荷叶边的下摆和狗牙针的领口等,
细节部分设计得非常精致。

设计: 原田千惠子
使用线材: SKI Supima Cotton
编织方法见40页

04

背心

使用绚丽多彩的段染线从上向下钩织,
大胆的镂空花样洋溢着夏天的气息。
利用花样本身设计的荷叶边下摆,
更是增添了一分趣味。

设计: 矢野康子
使用线材: SKI Palace
编织方法见38页

05

开衫

在前身片和袖口位置加入多米诺式花片，
段染线丰富的色彩变化非常迷人。
是一款亮丽、百搭的开衫。

设计: 森冈惠美
使用线材: SKI Gypsy Lamé
编织方法见47页

06

套头衫

鲜亮的红色段染加上黑金色条纹，
既朝气蓬勃，又起到收身的效果。
流动的线条和精美的花样共同打造上等
的品质。

设计: 原田千惠子
使用线材: SKI Vega、SKI Elise
编织方法见44页

07

方形织片的
优雅变身

虽说很喜欢编织，但也只是忙里偷闲，
所以不免觉得加、减针有点麻烦。
没关系！
无须加、减针，等针直编后只要稍加处理，
就能完成雅致、合身的漂亮服饰。

08

套头衫

横向钩织的优美的镂空花样，
设计新颖。
黄色中略带绿色的微妙色调，
加上线材的柔软手感，
给人柔美、温婉的印象。

设计：Plus One Addition
使用线材：SKI Islay
编织方法见51页

10

套头衫

后身片为方形织片，
前身片由中心向左右两侧横向钩织，
接着将胁部向外钩织成三角形。
连接前、后身片，形成独特的形状，
再加上漂亮的段染条纹花样，别有一番风味。

设计：小野琇未
使用线材：SKI Cagall、SKI Elise
编织方法见54页

09

套头衫

清爽的镂空织片中，
浮现出蝴蝶结状的可爱花样。
选择带着自然光泽的棕色上等线材，
作品显得非常雅致。

设计: Plus One Addition
使用线材: SKI Linen Silk
编织方法见58页

套头衫

颜色和花样经典的套头衫，
从肩部延伸至颈部的半高领勾勒出
柔和的曲线，
演绎出女性的柔美，
还隐约透着一股怀旧、优雅的气息。

设计：SKI毛线企划室
使用线材：SKI Supima Cotton
编织方法见60页

11

小外搭

在3片方形织片组成的身片上接上袖子，
编织方法非常简单。
糖果色的曲线花样给人清新亮丽的感觉。
如果上下颠倒过来穿，
又是完全不同的效果，非常有意思。

设计：Fukiko
使用线材：SKI Cagall
编织方法见62页

12

套头衫

大小不同的镂空条纹花样
交替排列,
给人清凉的感觉。
手感柔软的线材也使整件
作品显得非常柔美。

设计: 田村加奈惠
使用线材: SKI Islay
编织方法见64页

13

套头衫

编织4片山路花样的长方形织片，
简单的结构通过拼接即可完成，
还可以穿出当下流行的廓形服装的感觉。
穿上这样一件色彩明亮的套头衫，
初夏时节想必会很惬意吧！

设计: 河合真弓
制作: 合田芙沙子
使用线材: SKI Cagall
编织方法见68页

14

包包

时尚、经典的手拿包，
可随意夹在腋下。
钩织紧实的短针，
再系上流苏作为装饰。
用淡蓝色与服饰做个撞色搭
配也不错哟！

设计：Plus One Addition
使用线材：SKI Supima Cotton
编织方法见69页

15

16

钩完方眼针花样后换色钩织长针，
接着钩织提手部分。
翻折并缝合2片织片的两侧，
自然又漂亮的手提包就完成了。
也可按个人喜好进行配色。

设计：野口智子
制作：池上 舞
使用线材：SKI Supima Cotton
编织方法见70页

清爽典雅的
女性风格

即使只是出个近门，
也不想偷懒，总要打扮一下的。
如果你也是这样想的，
正好可以试试下面这几款精致美衣。

开衫

这是一件随意穿上就非常优雅的浅紫色开衫。
从身片笔直地向上延伸的衣领，
或扣上纽扣，或解开成翻领，
可以享受一衣两穿的乐趣。

设计：武田敦子
制作：松野香织
使用线材：SKI Linen Silk
编织方法见74页

17

18

背心

独特的松果花样背心给人轻快凉
爽的感觉。
从上往下钩织形成的荷叶边下摆，
增添了温婉柔美的气息。

设计: 横川佐智子
使用线材: SKI Sofia
编织方法见71页

开衫

自然和谐的段染色，
加上镂空条纹花样，
使落肩袖开衫显得端庄、大气。
袖子上的几何图案，
更是别出心裁的设计。

设计: 矢野康子
制作: 坂本令子
使用线材: SKI Liliana
编织方法见65页

19

开衫

荷叶边袖子在举手投足间轻轻摇曳，
展现出女性的优雅。
从竖条纹花样的身片上挑针，
向外编织蕾丝般精致的袖子，
还可以有效地起到修身显瘦的作用哟!

设计: 岸 睦子
使用线材: SKI Adessa
编织方法见83页

20

21

套头衫

钩织细致的网格针，
在胸前和边缘点缀上小花花样，
整件套头衫洋溢着春天的气息。
棉线中的亮丝线若隐若现，
穿起来也非常凉爽。

设计: 河合正子
制作: 河合手编研究会
使用线材: SKI Cotton Brill
编织方法见76页

清爽新颖的菱形花样

菱形图案是财富的象征?
这一点暂且不说。
轮廓鲜明、给人清爽印象的设计,
深受几代人的喜爱。

22

套头衫

在方眼针周围钩织出轮廓清晰的花样，
再在中间填入圆形小花片。
独具匠心的设计充满魅力，
这是一款随意搭配就非常出彩的上衣。

设计: 河合真弓
制作: 堀内美雪
使用线材: SKI Cotton Linen ~夏衣~
编织方法见87页

23

背心

菱形镂空花样的背心修身、别致，
搭配内搭穿着很凉爽。
优质棉线特有的色泽也是一大亮点。

设计：武田敦子
制作：饭塚静代
使用线材：SKI Supima Cotton
编织方法见80页

套头衫

和纸清爽的手感和大气的颜色，
使穿上这款套头衫时心情备感愉悦。
款式虽然简单，
新颖的菱形花样却给人雅致的印象。

设计：田村加奈惠
使用线材：SKI Adessa
编织方法见90页

24

套头衫

用段染线精心编织的镂空花样，
颜色富于变化，纹理细腻。
偏长的法式袖和前短后长的下摆，
均体现了当季的流行元素。

设计: 久松幸子
使用线材: SKI Adessa
编织方法见93页

25

背心

小巧的菱形花样就像一朵朵小花，
最适合自然风的搭配了。
段染的空心带子线，
柔和漂亮，春意盎然。

设计：MiCHi
使用线材：SKI Liliana
编织方法见99页

26

精美别致的
夏日小物

个性十足的精致设计，
助你在这个季节扮靓自己。
下面介绍的几款配饰虽是小物却很别致，
一定会让你在朋友中间显得与众不同。

27

帽子

这款帽子的帽身较深、帽檐下倾，
由和纸和人造丝的混纺线钩织而
成，清爽透气。
后面装饰的小花也非常别致、
优雅。

设计: 木之下 薰
使用线材: SKI Adessa
编织方法见96页

28

围巾

虽然是窄幅小围巾，
只需简单地围在脖子上，就能提亮气色。
当然，还有防晒作用，
不妨叠好放在包包里备用。

设计: 林 久仁子
使用线材: SKI Gypsy Lamé
编织方法见97页

披肩

明亮清爽的颜色使这条小披肩显得尤为亮丽，
同时还能让肤色看起来更有光泽、更健康。
在简单的网格针织片周围，
钩织一圈海扇形的饰边。

设计: 野口智子
制作: 池上 舞
使用线材: SKI Cagall
编织方法见98页

29

30

围巾

俏丽的围巾，好似许多蝴蝶在翩翩起舞，
真是一款华丽的配饰。
连续钩织一个一个的花片，
漂亮的段染线显得格外光彩夺目。

设计: SKI毛线企划室
使用线材: SKI Cagall
编织方法见102页

· 本书使用线材一览 ·

※ 图片为实物粗细

	线名	成分	粗细	色数	规格	线长	使用针号	下针编织密度	线的特征
1	SKI Adessa	其他纤维(和纸)50% 人造丝50%	粗	8	25g/团	约83m	棒针4~6号 钩针4/0~6/0号	22~24针 28~31行	亚光和纸与亮光人造丝加工而成的短间距段染线，色调沉稳大气，弹性适中
2	SKI Cagall	腈纶65%　棉35%	中细	8	30g/团	约132m	棒针3~5号 钩针3/0~5/0号	22~24针 27~33行	不规律的呈色效果和富于变化的织片是它的特色，编织时可以享受如图画般斑斓的色彩，是一款清凉、柔软的夏季线材
3	SKI Supima Cotton	棉(顶级匹马棉)100%	粗	25	30g/团	约98m	棒针3~5号 钩针3/0~5/0号	23~26针 30~33行	长纤维的顶级匹马棉，有着丝绸般的光泽和手感。共有25种颜色，非常适合编织服装和小物
4	SKI Palace	腈纶77%　人造丝23%	粗	8	30g/团	约113m	棒针4~6号 钩针4/0号、5/0号	22~25针 26~32行	明亮的颜色不断切换，变化无穷。手感清爽，富有光泽，这款扁平形状的空心带子线非常容易编织
5	SKI Gypsy Lamé	棉51%　腈纶43% 涤纶(亮丝)6%	细	9	25g/团	约107m	棒针3~5号 钩针3/0~5/0号	23~25针 32~34行	华丽却不失雅致的段染竹节棉线非常独特。自然舒适的棉线中加入亮丝线的光泽，更突显出上乘的质感
6	SKI Vega	腈纶54%　人造丝46%	粗	10	25g/团	约104m	棒针4~6号 钩针3/0~5/0号	24~25针 30~33行	编织后自然形成条纹花样，很有特色。针的种类和编织花样不同会呈现出不同的色彩效果，因此可以享受到制作原创作品的乐趣
7	SKI Liliana	棉39%　涤纶23%　锦纶18%　麻(亚麻)10% 麻(苎麻)10%	粗	10	25g/团	约95m	棒针5~7号 钩针5/0号、6/0号	22~25针 24~27行	手感清爽的段染花式线，漂亮的颜色带着亮丝线般的光泽。这是集合了3种不同素材的空心带子线，非常透气
8	SKI Islay	真丝48%　棉32%　锦纶20%	中细	8	25g/团	约102m	棒针3号、4号 钩针3/0号、4/0号	24~26针 33~36行	细细的圆形特色线，看起来像被透明的光线包围。质地柔软，容易编织，适合棒针和钩针编织，非常受欢迎
9	SKI Sofia	棉83%　人造丝10% 锦纶7%	中细	9	30g/团	约127m	钩针3/0号、4/0号	21~24针 31~33行 （ 短针）	以带状棉为芯，外包另一种具有光泽的素材，适合钩针编织。若隐若现的光泽给人清凉和时尚的感觉
10	SKI Cotton Brill	棉97%　涤纶3%	中细	12	25g/团	约102m	棒针2号、3号 钩针2/0号、3/0号	31~32针 36~37行	棉的淡雅光泽和亮丝线的细腻光泽给人凉爽、柔美的感觉。这是一款非常适合钩针编织的、夹亮丝线的上等棉线
11	SKI Cotton Linen ~夏衣~	棉70%　麻(亚麻)30%	中细	16	30g/团	约116m	棒针3号、4号 钩针3/0、4/0号	26~28针 33~35行	亚麻与棉混纺的强捻直毛线，颜色丰富，光泽自然柔美，尤其适合钩针编织
12	SKI Linen Silk	麻(法国亚麻)70% 真丝30%	中细	15	25g/团	约99m	棒针3~5号 钩针3/0~5/0号	23~26针 26~30行	使用产自著名麻产地法国的优质亚麻，和真丝混纺而成，具有漂亮的光泽和较好的弹性
13	SKI Elise	涤纶83%　锦纶17%	中细	6	25g/团	约147m	棒针3~5号 钩针2/0~4/0号	27~29针 37~39行	加入亮丝线的空心带子线，金属光泽尽显华丽质感。无季节限制，推荐用于配色

●本书编织图中未注明单位的数字均以厘米(cm)为单位。

摄影／森谷则秋

·作品的编织方法·

02、03
4、5页

●**材料** SKI Supima Cotton（粗）
02：绿色（5018）80g/3团，深棕色（5023）120g/4团，酒红色（5022）60g/2团，深藏青色（5024）80g/3团
03：朱红色（5012）90g/3团，嫩绿色（5009）130g/5团，蓝色（5020）80g/3团，原白色（5002）60g/2团
●**工具** 棒针9号
●**成品尺寸**
02：胸围96cm，衣长58cm，连肩袖长25.5cm
03：胸围134cm，衣长45cm，连肩袖长35cm
●**编织密度** 10cm×10cm面积内：条纹编织花样17针，21.5行
●**编织要领** 02、03相同：用2根指定线编织。手指挂线起针后开始编织起伏针，接着按条纹编织花样继续编织。配色线无须剪断，在右端与正在编织的线绕一下，渡线不要太长。使用a色线在肩部做引拔接合，在胁部使用毛线缝针挑针缝合。领口和袖口环形编织起伏针，结束时做伏针收针。

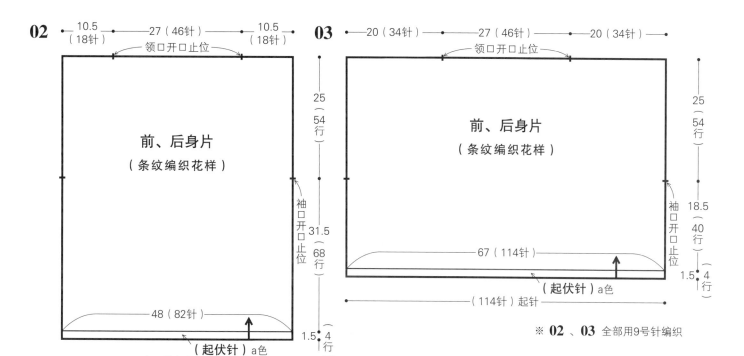

02
10.5（18针） 27（46针） 10.5（18针）
领口开口止位
前、后身片（条纹编织花样）
25（54行）
袖口开口止位
31.5（68行）
48（82针）
（起伏针）a色
（82针）起针
1.5（4行）

03
20（34针） 27（46针） 20（34针）
领口开口止位
前、后身片（条纹编织花样）
25（54行）
袖口开口止位
18.5（40行）
67（114针）
（起伏针）a色
（114针）起针
1.5（4行）

※ **02、03** 全部用9号针编织

条纹编织花样

左端　□=▐下针　编织起点

28
d色
25
c色
20
b色
15
重复4色
a色
10
5
1
4 3 2 1

条纹编织花样的用线

	a	b	c	d
02	绿色 深棕色	酒红色 2根	深棕色 深藏青色	酒红色 深藏青色
03	朱红色 嫩绿色	蓝色 2根	嫩绿色 原白色	原白色 蓝色

※ 用2根指定线编织

02、03通用 领口、袖口（起伏针）　**02**深藏青色2根　**03**蓝色2根

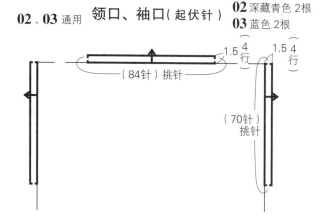

（84针）挑针
1.5（4行）
1.5（4行）
（70针）挑针

01
3页

●**材料** SKI Linen Silk（中细）粉紫色（1416）125g/5团，土红色（1412）60g/3团，浅灰粉色（1405）25g/1团，紫色（1417）25g/1团

●**工具** 钩针 3/0 号、4/0 号

●**成品尺寸** 胸围 96cm，衣长 60.5cm，连肩袖长 41.5cm

●**编织密度** 编织花样：1个花样 2.8cm×10cm（11.5 行）；花片的大小：4.3cm×4cm

●**编织要领** 从前、后身片中心的花片开始钩织。用指定颜色的线钩织花片，一边钩织一边连接成长长的织片，这样的织片前后各钩织 3 条。然后钩织花片边缘并调整形状，连接 3 条织片。左右两侧从花片边缘挑针，按编织样横向钩织完成身片。肩部钩引拔针和锁针接合，胁部做锁针接合。下摆用指定颜色的线环形钩织边缘编织。领口也按相同要领钩织，最后一行换成小号钩针。袖子从身片挑针，环形钩织短针，然后与各种颜色的连接花片进行连接，最后从花片上挑针钩织边缘编织。

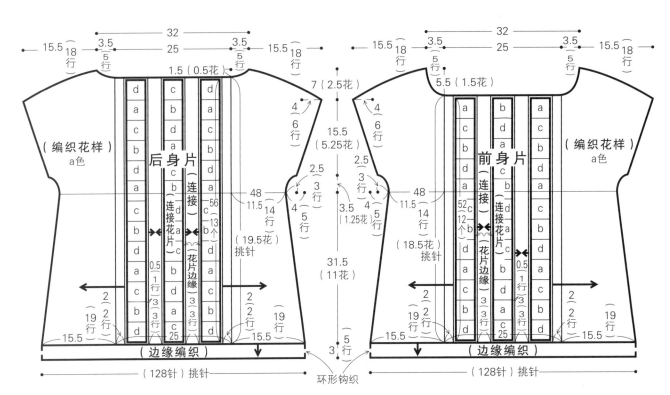

※ 花=个花样
※ 除特别指定外均用4/0号针钩织

粉紫色 = a
土红色 = b
浅灰粉色 = c
紫色 = d

左袖

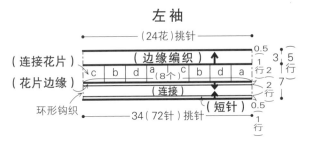

※ 右袖与左袖左右对称地排列花片

◁ = 接线
◀ = 断线

领口（边缘编织）

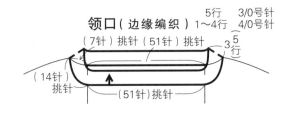

边缘编织

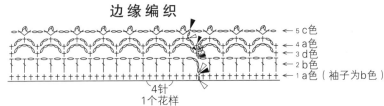

※ 第1行除袖子外均用a色线钩织

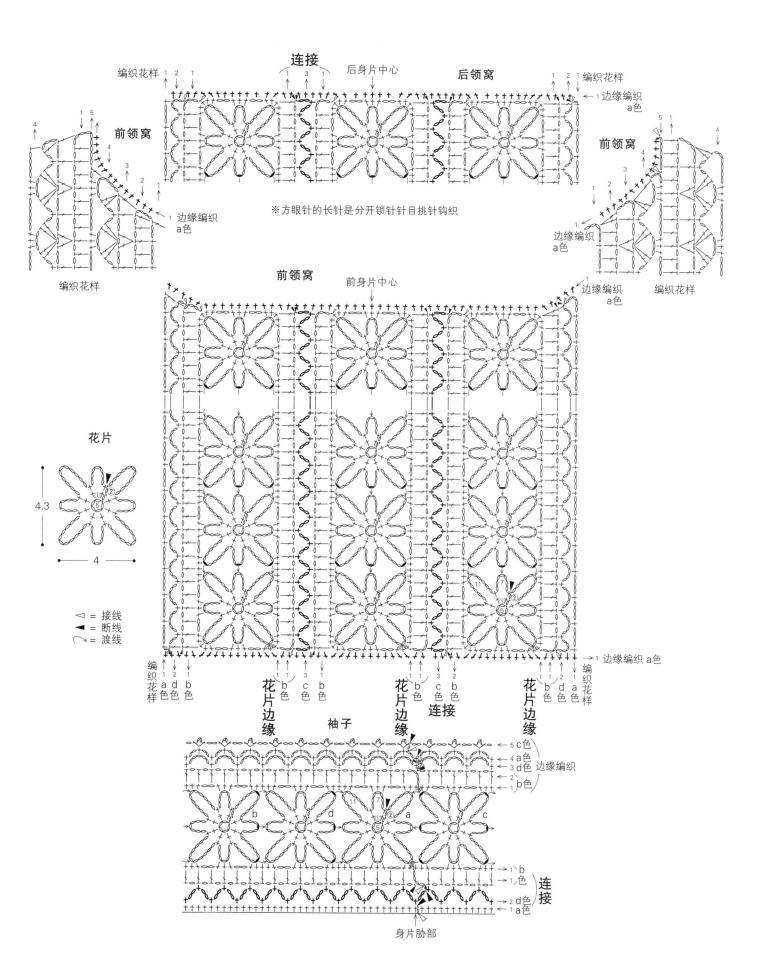

编织花样 1 2 1　　连接　　1 3 1　　后身片中心　　后领窝　　1 2 1 编织花样

↓1 边缘编织 a色

前领窝 4 1 5

前领窝 5 1 4

3

4 4

3

2

2 1

1

↓1 边缘编织 a色

边缘编织 a色

编织花样

边缘编织 a色

编织花样

※方眼针的长针是分开锁针针目挑针钩织

前领窝　　前身片中心　　边缘编织 a色

花片

4.3

4

△ = 接线
▲ = 断线
⌇ = 渡线

11 7 1 2 5

↓1 边缘编织 a色

编织花样 1 2 1 | 1 3 2 | 1 1 | 1 2 1 编织花样
a d b 色 色 色 | b c b 色 色 色 | b c 色 色 | b d a 色 色 色

花片边缘　　　　花片边缘　　花片边缘

袖子　　　　连接

←5 c色
←4 a色 边缘编织
←3 d色
←2
←1 b色

b 11 d 1 2 a c 5

→1 b色
→1 a色
→2 d色 连接
←1 a色

身片胁部

35

编织花样

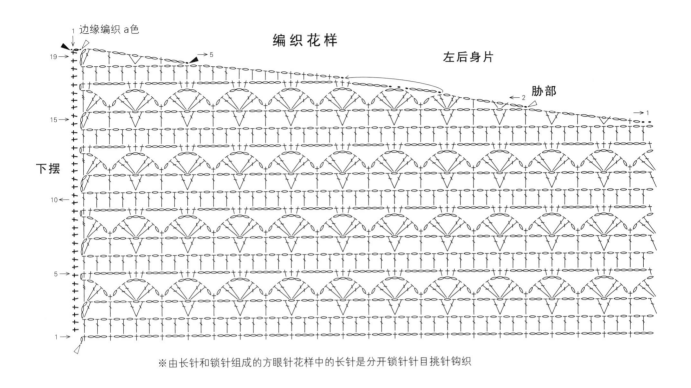

左后身片

1边缘编织 a色

19→

胁部

15→

下摆

10←

5→

1

※由长针和锁针组成的方眼针花样中的长针是分开锁针针目挑针钩织

◁ = 接线
◀ = 断线
⌒ = 渡线

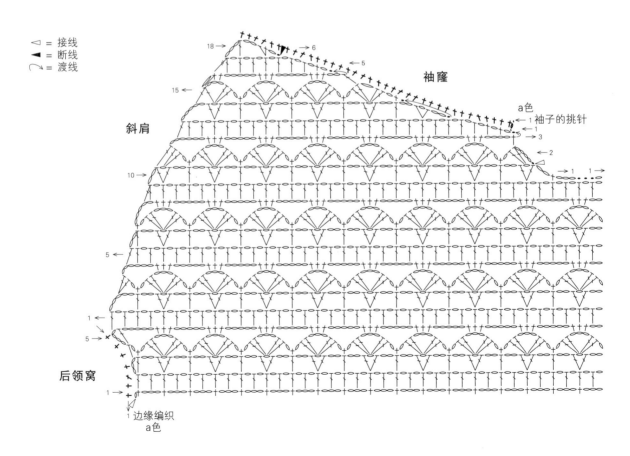

袖窿

斜肩

a色
←1袖子的挑针

18←

15←

10←

5←

1←

5→

后领窝

1
5
1

1边缘编织
a色

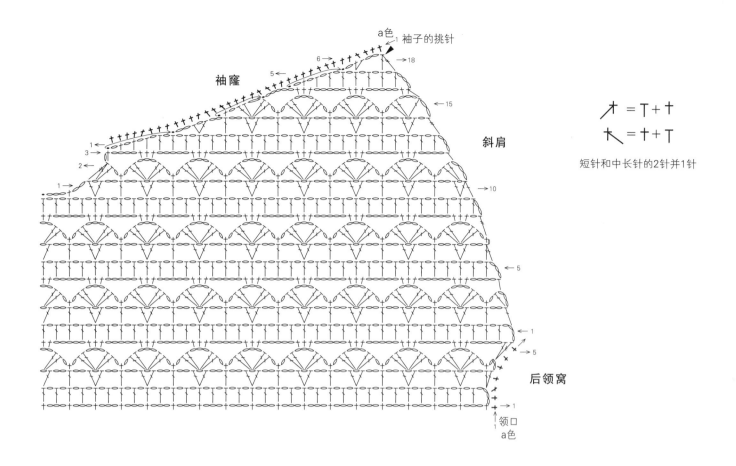

袖襱

斜肩

后领窝

a色 袖子的挑针

→18

←15

→10

←5

→1

←5

→1

领口
a色

才 = T + 十
大 = 十 + T

短针和中长针的2针并1针

编织花样

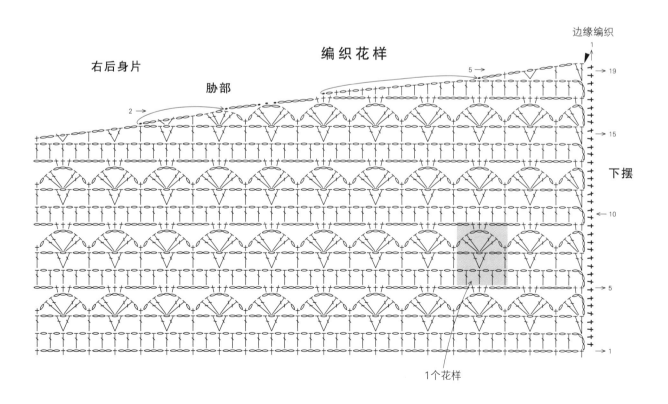

右后身片

胁部

下摆

边缘编织

→19

→15

→10

←5

→1

1个花样

● **材料** SKI Palace（粗）黄色＋褐色系（1604）200g/7 团
● **工具** 钩针 4/0 号
● **成品尺寸** 胸围 96cm，肩宽 41cm，衣长 54cm
● **编织密度** 编织花样：1 个花样 4.8cm×10cm（9行）
● **编织要领** 从肩部向下摆方向钩织。后身片从编织花样开始钩织，袖下位置如图 1 所示加针，接着无须加、减针钩织至下摆。前身片分别钩织左、右肩部，在第 7 行连起来钩织。前、后身片的肩部做卷针缝合，胁部钩引拔针和锁针接合。领口和袖口环形钩织边缘编织，注意钩织领口时要在前身片的 2 个转角处减针。

花样的钩织方法

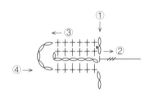

②的短针在锁针的里山挑针钩织，
引拔针在①的锁针的半针和里山挑针钩织，
④的短针在锁针剩下的2根线里挑针钩织

编织花样

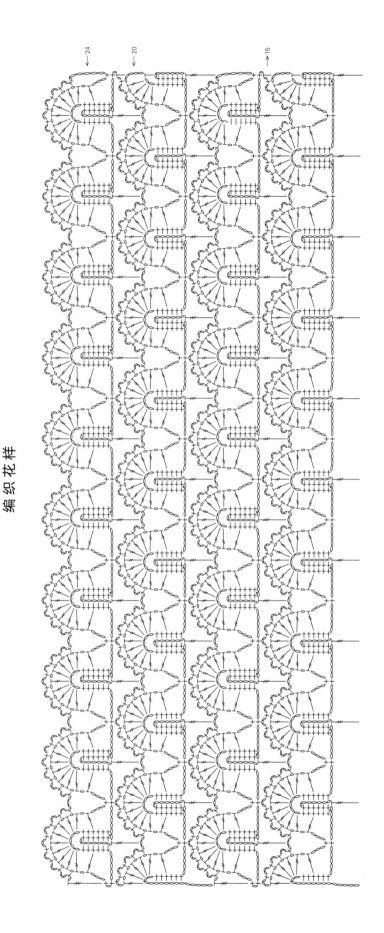

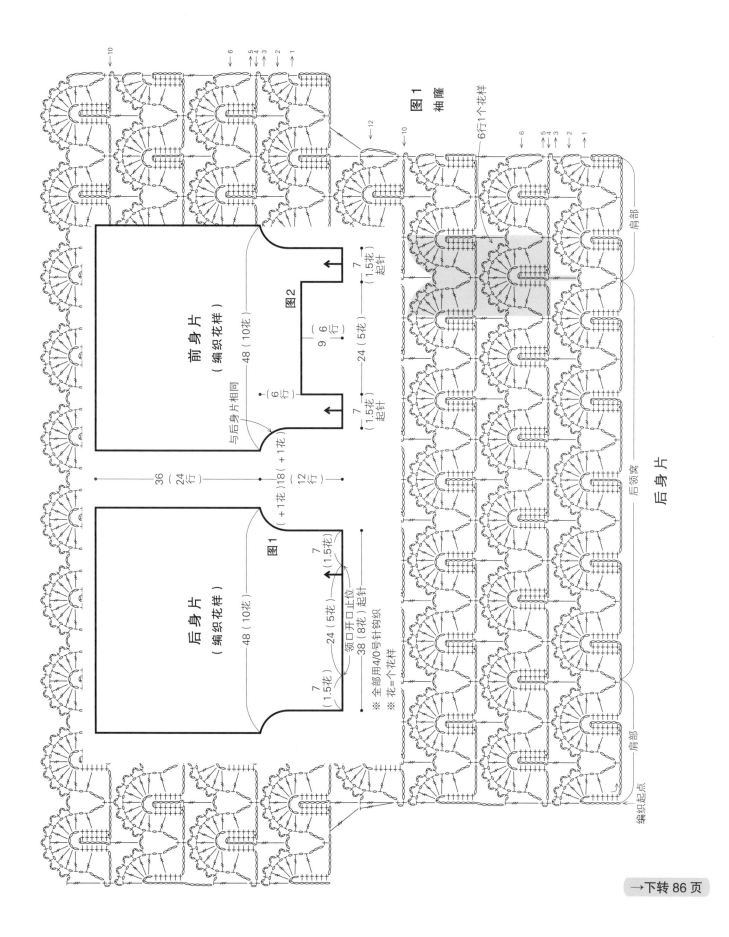

图 1

袖隆

6行1个花样

前身片
（编织花样）

48（10花）

图2

9（6行）

24（5花）

7（1.5花）起针

7（1.5花）起针

（6行）

与后身片相同

36（24行）

18（+1花）
12（行）

（+1花）

后身片
（编织花样）

48（10花）

图1

7（1.5花）起针

24（5花）

领口开口止位

38（8花）起针

7（1.5花）

※ 全部用4/0号针钩织
※ 花＝一个花样

后身片

后领宽

肩部

肩部

编织起点

→下转86页

● **材料** SKI Supima Cotton（粗）紫色（5021）250g/9团，蓝灰色（5015）180g/6团；直径1.5cm的纽扣6颗

● **工具** 钩针 5/0 号、4/0 号

● **成品尺寸** 胸围96cm，肩宽35cm，衣长56cm，袖长39cm

● **编织密度** 编织花样：1个花样5.9cm×10cm（13.5行）

● **编织要领** 钩罗纹绳起针后整体按编织花样钩织。花样的蓝灰色部分钩完后，将线团穿过针目休针，在一端绕线至下次钩织的行。肩部钩引拔针和锁针接合，胁部和袖下做针脚细密的锁针接合。钩下摆时，前、后身片看着反面连续挑针，边缘编织A钩完第2行后断线。前门襟和衣领从右前下摆处开始钩织，按边缘编织B钩织至第5行，第6行从右前门襟一端开始按右前门襟、衣领、左前门襟的顺序钩织，然后钩织边缘编织A的第3行。衣领在中途进行减针，在右前门襟留出扣眼。最后钩引拔针将袖子接合至身片上。

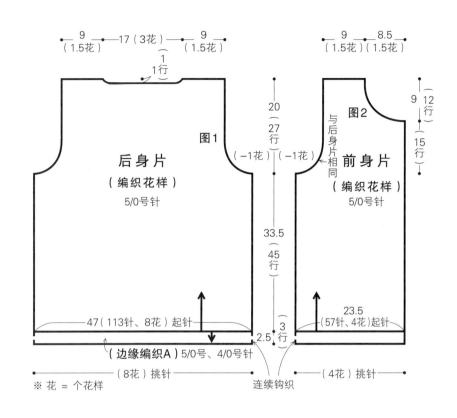

配色
□	紫色
▨	蓝灰色

编织花样

边缘编织B

4针
1个花样

前门襟、衣领（边缘编织B） 4/0号针

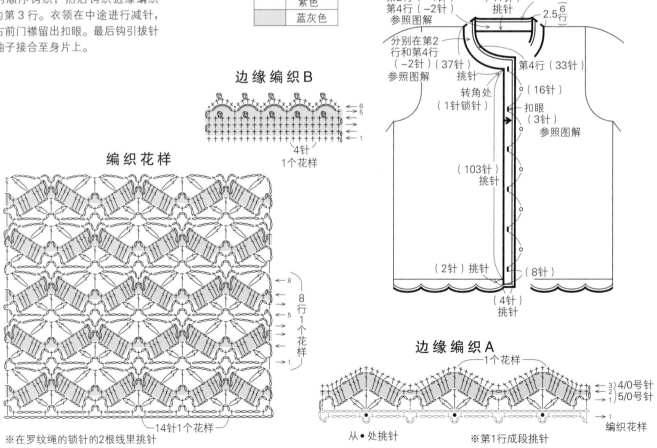

14针1个花样

※在罗纹绳的锁针的2根线里挑针

边缘编织A

1个花样

从●处挑针　　　※第1行成段挑针

编织花样

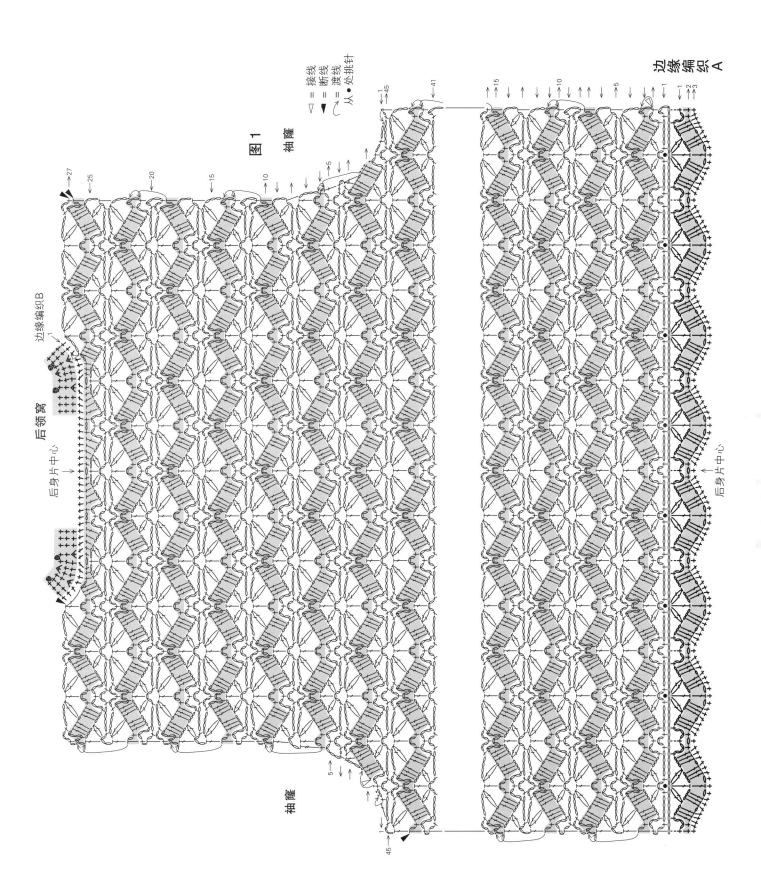

图 1

边缘编织A

边缘编织B

袖窿

袖窿

后领窝

后身片中心

后身片中心

□ = 接线
▼ = 断线
⌒ = 渡线
从 • 处挑针

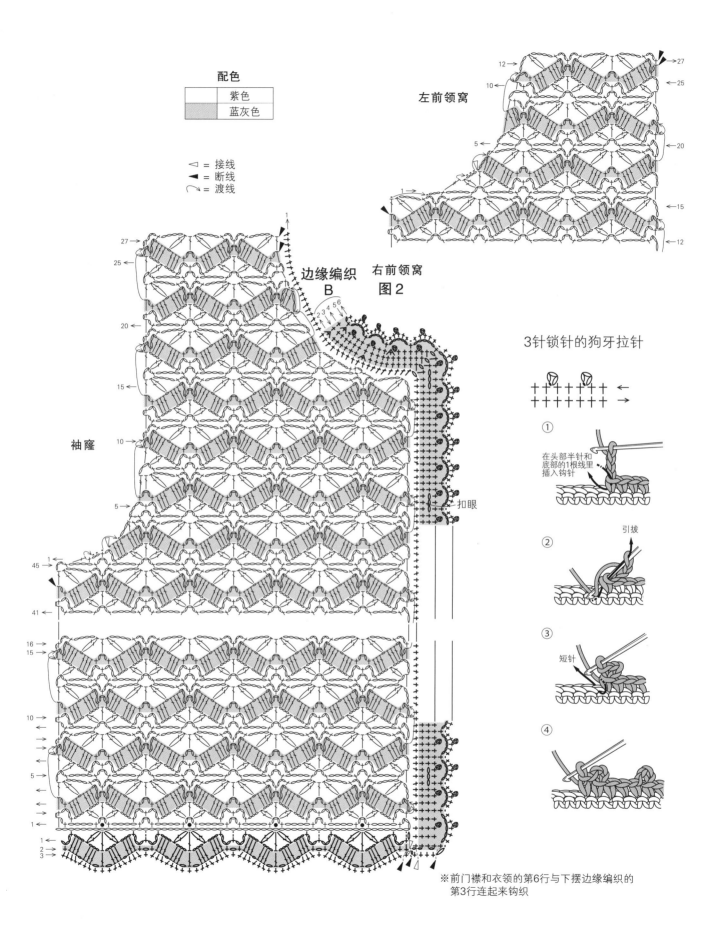

配色

☐	紫色
▨	蓝灰色

◁ = 接线
◀ = 断线
↷ = 渡线

左前领窝

边缘编织 B

右前领窝 图2

袖窿

扣眼

3针锁针的狗牙拉针

① 在头部半针和底部的1根线里插入钩针

② 引拔

③ 短针

④

※前门襟和衣领的第6行与下摆边缘编织的第3行连起来钩织

罗纹绳

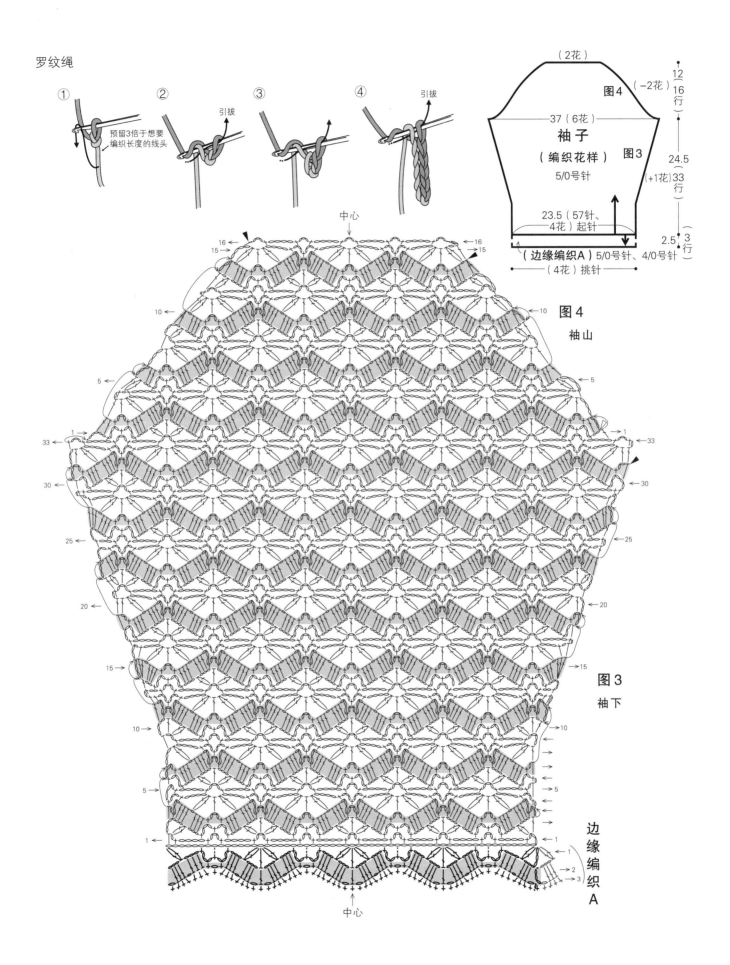

① 预留3倍于想要编织长度的线头

② 引拔

③ 引拔

④ 引拔

（2花）

图4 （-2花）

37（6花）

袖子
（编织花样）
5/0号针

图3

12（16行）

24.5（+1花）33行

2.5（3行）

23.5（57针、4花）起针

（边缘编织A）5/0号针、4/0号针

（4花）挑针

中心

16 16
15 15

10 10

5 5

33 1 1 33

30 30

25 25

20 20

15 15

10 10

5 5

1 1
1 1
2
3

图4
袖山

图3
袖下

边
缘
编
织
A

中心

43

●**材料** SKI Vega（粗）红色系（1114）220g/9团；SKI Elise（中细）黑金色（106）40g/2团

●**工具** 棒针5号，钩针4/0号、5/0号

●**成品尺寸** 胸围92cm，衣长55cm，连肩袖长59cm

●**编织密度** 10cm×10cm面积内：条纹编织花样23针，33行

●**编织要领** 身片用5/0号钩针在5号棒针上起针（参照46页），然后按条纹编织花样编织。由于花样是挂针做加针，2针并1针

做减针，所以不同行数的针数也会不一样。领窝做伏针收针，肩部休针备用。袖子按身片相同要领编织，袖下加1针时在边上1针的内侧做扭加针，加2针以上时做卷针加针，最后做伏针收针。前、后身片的肩部做盖针接合。领口用指定线按边缘编织B钩织。袖子和身片做针与行的缝合，胁部和袖下使用毛线缝针挑针缝合。下摆和袖口按边缘编织A环形钩织，注意在起针针目的锁针状2根线里挑针。

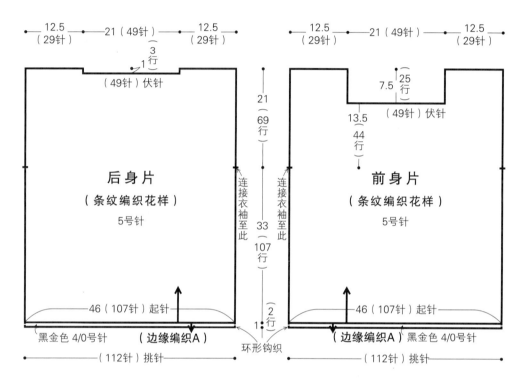

后身片
（条纹编织花样）
5号针

前身片
（条纹编织花样）
5号针

12.5（29针）　21（49针）　12.5（29针）

1行
3行
（49针）伏针

21（69行）

33（107行）

46（107针）起针

黑金色 4/0号针　（边缘编织A）

（112针）挑针

7.5（25行）
13.5（44行）
（49针）伏针

连接衣袖至此

2行
1行

环形钩织

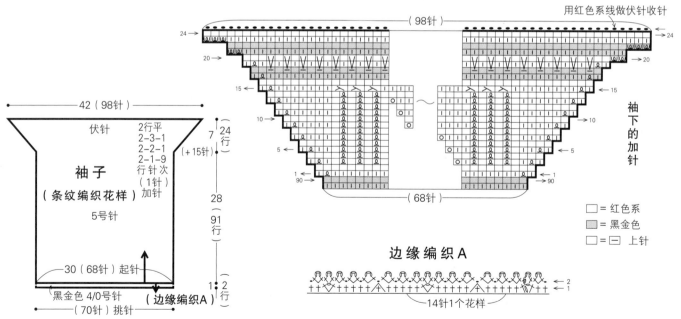

（98针）　用红色系线做伏针收针

24　20　15　10　5　1　90

袖下的加针

42（98针）

伏针
2行平
2-3-1
2-2-1
2-1-9
行针次
（1针）加针

袖子
（条纹编织花样）
5号针

7（24行）
（+15针）

28（91行）

30（68针）起针

黑金色 4/0号针　（边缘编织A）

（70针）挑针

1（2行）

（68针）

□ = 红色系
▨ = 黑金色
□ = ⊟ = 上针

边缘编织A

14针1个花样

条纹编织花样

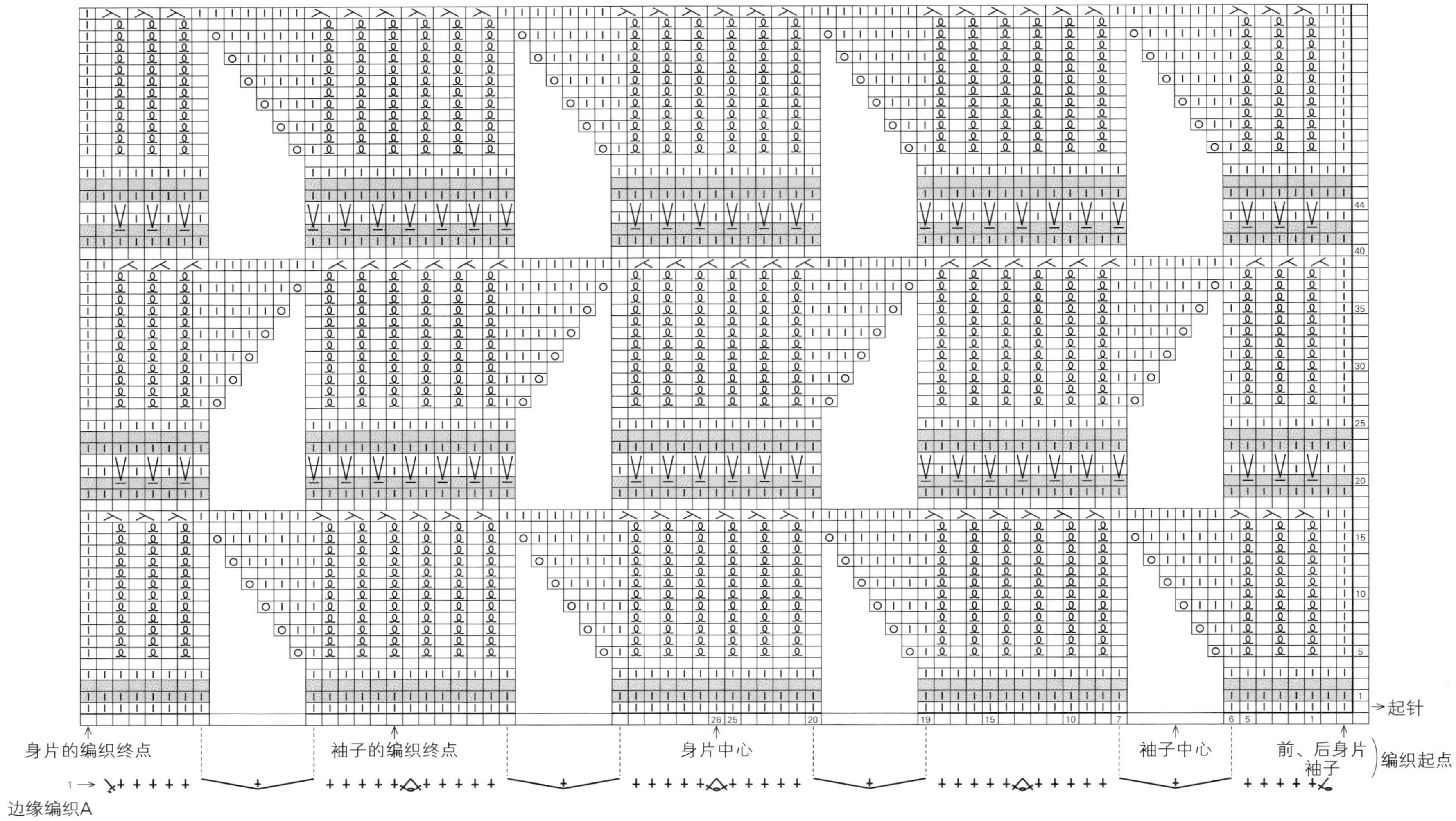

→ 起针
编织起点
（前、后身片）

前、后身片、袖子

袖子中心

身片中心

身片的编织终点

袖子的编织终点

身片的编织终点

边缘编织A

1 →

□ = 红色系
□ = 黑金色
□ = 上针

用钩针在棒针上起针

① 用钩针起针,将1根棒针放在线的上面拿好,直接钩锁针。

② 将线绕至棒针的后面,挂线拉出后第2针就完成了。

③ 最后1针从钩针上取下,挂在棒针上。

◁ = 接线
▼ = 断线

前领窝

用红色系线做伏针收针

(49针)
前身片中心

前领窝

□ = 红色系　■ = 黑金色　□ = 上针

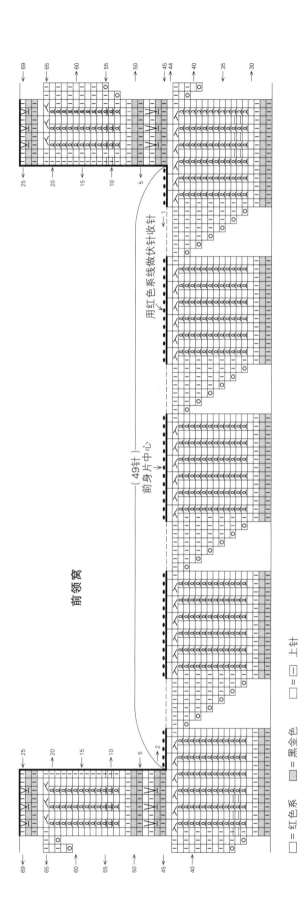

领口(边缘编织 B)4/0号针

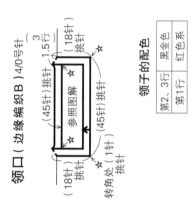

领子的配色		
第2、3行		黑金色
第1行		红色系

领口
边缘编织 B

在空隙里引拔　3针 1个花样

前身片中心

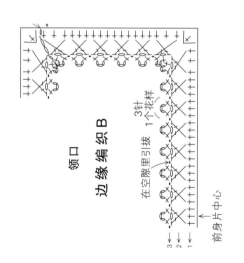

06
8 页

●**材料** SKI Gypsy Lamé（中细）蓝色+橘黄色系（1701）300g/12团；直径1.5cm的纽扣3颗

●**工具** 钩针 5/0 号

●**成品尺寸** 胸围99cm，肩宽35cm，衣长52cm，袖长39.5cm

●**编织密度** 编织花样：3个花样3.9cm×6.5cm（6行）（身片=横向），3.4cm×7cm（6行）（袖子=纵向）

●**花片的大小** 花片A、B 10cm×10cm，花片C、D 7cm×7cm

●**编织要领** 后身片钩罗纹绳起针，按编织花样从中心向左右两侧横向钩织。前身片连续钩织5个花片A、B，接着从花片上挑针按编织花样继续钩织。袖子从5个花片C、D上挑针按编织花样钩织。肩部使用毛线缝针挑针缝合，胁部钩网格针接合。袖子花片部分做卷针缝缝合，袖下部分使用毛线缝针挑针缝合。袖口按边缘编织B钩织，需要注意的是由于花片C上不用钩第1行，所以从旁边的花片D开始钩织。身片下摆、前门襟、领子连起来环形钩织边缘编织A，在右前门襟留出扣眼，转角处如图所示进行钩织。最后钩引拔针和锁针将袖子接合至身片上。

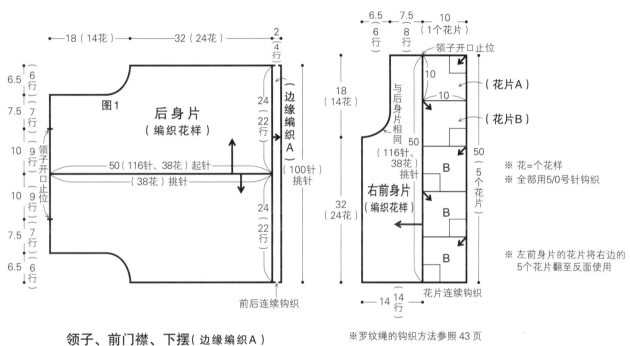

※ 花=个花样
※ 全部用5/0号针钩织

※ 左前身片的花片将右边的5个花片翻至反面使用

※罗纹绳的钩织方法参照43页

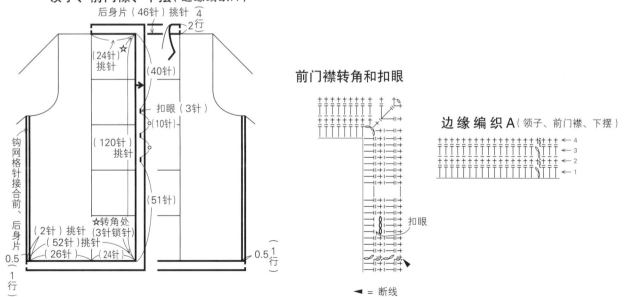

领子、前门襟、下摆（边缘编织A）

前门襟转角和扣眼

边缘编织A（领子、前门襟、下摆）

◀ = 断线

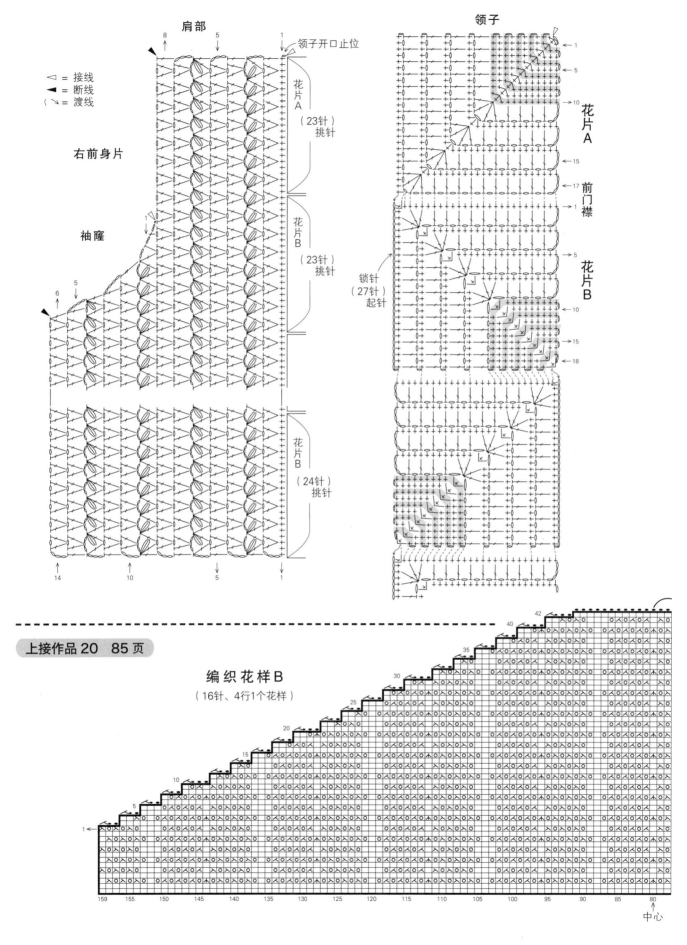

肩部

领子

= 接线
= 断线
= 渡线

右前身片

袖窿

领子开口止位

花片A
（23针）
挑针

花片B
（23针）
挑针

花片B
（24针）
挑针

花片A

前门襟

花片B

锁针
（27针）
起针

上接作品20　85页

编织花样B
（16针、4行1个花样）

中心

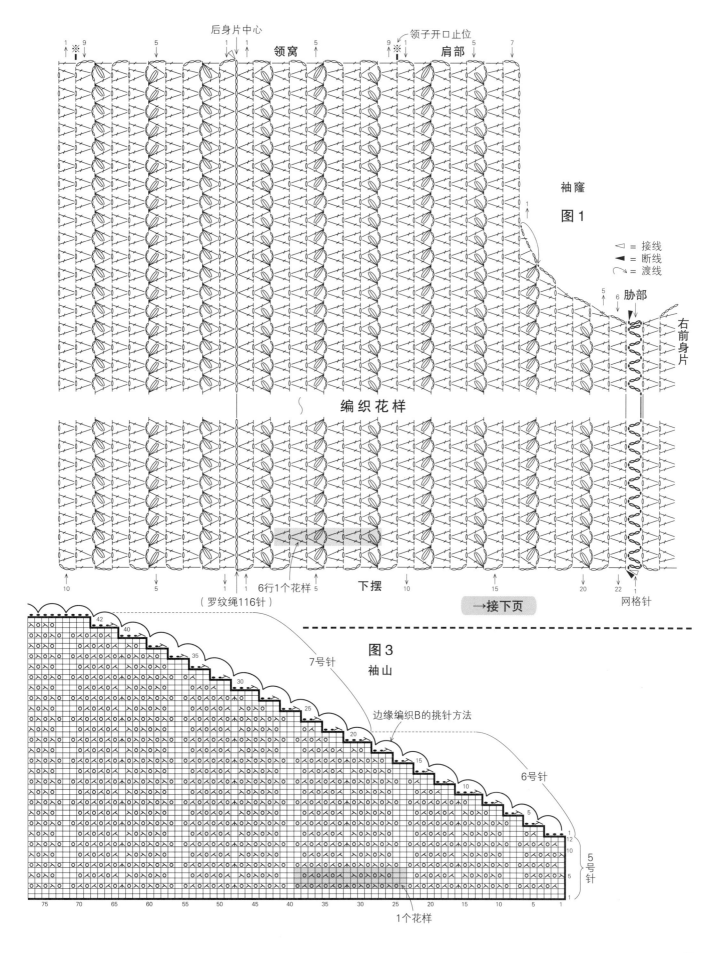

后身片中心
领窝
领子开口止位
肩部
袖窿
图1

△ = 接线
▲ = 断线
↶ = 渡线

编织花样

胁部

右前身片

6行1个花样

下摆

（罗纹绳116针）

网格针

→接下页

图3
袖山

7号针

边缘编织B的挑针方法

6号针

5号针

1个花样

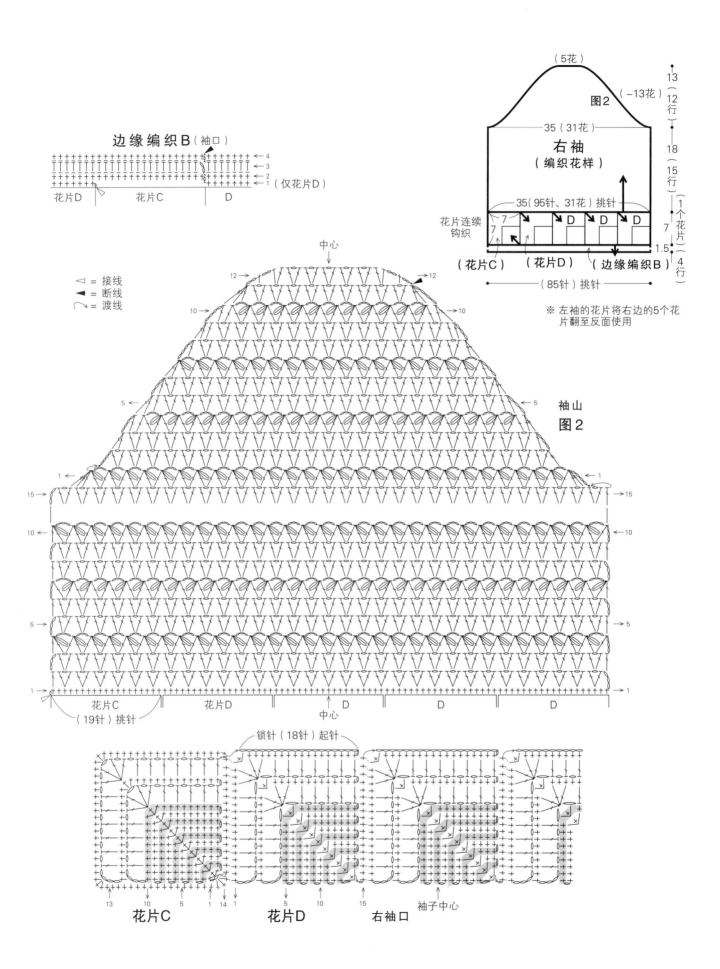

边缘编织B（袖口）

花片D　　花片C　　D　　（仅花片D）

（5花）

图2

（−13花）

35（31花）

右袖
（编织花样）

35（95针、31花）挑针

花片连续
钩织

7　　D　　D　　D

（花片C）　（花片D）　（边缘编织B）

（85针）挑针

13
（12行）
18
（15行）
1个花片（4行）
7
1.5

※ 左袖的花片将右边的5个花
片翻至反面使用

中心

12　　　　12

10　　　　10

5　　　　5

1　　　　1

15　　　　15

10　　　　10

5　　　　5

1　　　　1

◁ ＝ 接线
◀ ＝ 断线
⌇ ＝ 渡线

袖山
图2

花片C　　花片D　　D　　中心　　D　　D

（19针）挑针

锁针（18针）起针

13　10　　5　　1　14　1　　　5　　　10　　　15

花片C　　　　花片D　　　　右袖口

袖子中心

● **材料** SKI Islay（中细）绿黄色（1303）
140g/6 团
● **工具** 棒针 6 号、5 号，钩针 5/0 号
● **成品尺寸** 胸围 96cm，衣长 52.5cm，连
肩袖长 27cm
● **编织密度** 10cm×10cm面积内：编织花样
A 20针，31.5行
● **编织要领** 从身片的胁部开始横向编织。另
线锁针起针，整体按编织花样A编织。肩部加

针时，挑起边上1针内侧与相邻针目之间的横
线做扭加针；减针时，立起侧边2针减针。领
子减2针以上时做伏针减针，减1针时立起侧
边2针减针。加1针时做扭加针，加2针以上时
做卷针加针。最后休针备用，胁部拆开另线锁
针挑针后与休针备用的针目做引拔接合。肩部
使用毛线缝针挑针缝合。下摆按边缘编织环形
钩织。领口和袖口按编织花样B编织，结束时
结合前一行的针目松松地做伏针收针。

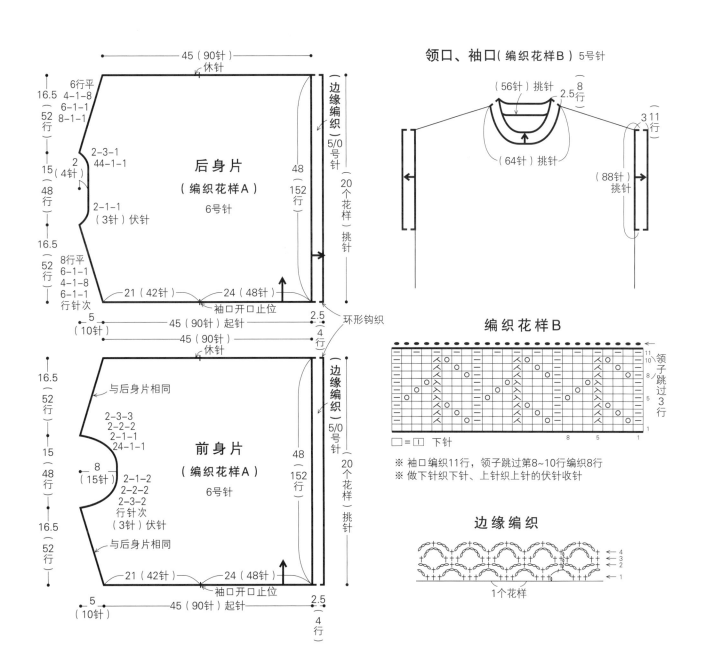

51

⑭ 卷针加针

左侧

① 如图所示，将棒针插入挂在食指上的线环中，然后退出手指。

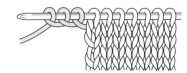

3针卷针完成。

 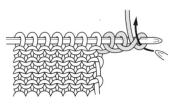

下一行开始编织时，如果有2针以上卷针加针，第1针如箭头所示插入棒针，滑过不织。

编织花样A 8行1个花样

袖口开口止位

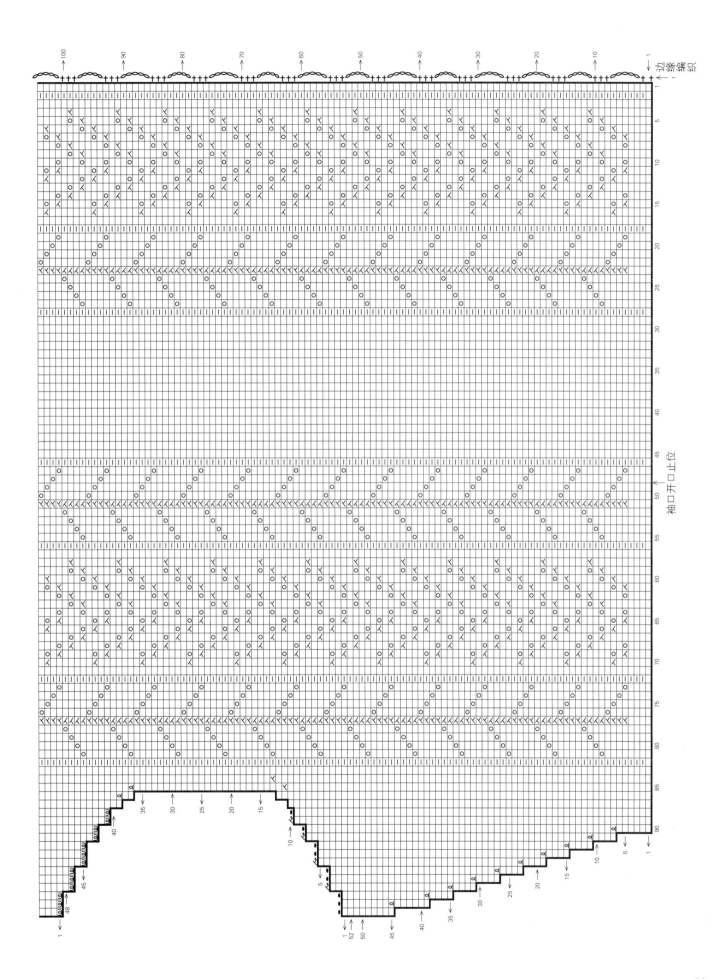

●**材料** SKI Cagall（中细）蓝绿色系（1906）150g/5团；SKI Elise（中细）银色（101）25g/1团

●**工具** 钩针 4/0 号、5/0 号

●**成品尺寸** 胸围 98cm，衣长 56.5cm，连肩袖长 26cm

●**编织密度** 编织花样：3个花样4.3cm×10cm（16行）

●**编织要领** 后身片在下摆处钩锁针起针，按

编织花样等针直编，无须加、减针，斜肩和领窝按图示钩织。前身片从中心向左右两侧按编织花样横向钩织，条纹处用银色线钩织，胁部向外钩织成三角形。后身片的胁部和下摆用银色线钩织网格针。前身片也在胁部钩织网格针，同时与后身片胁部的网格针做引拔接合。前、后身片的肩部做卷针缝缝合。下摆按边缘编织 A 钩织，袖口按边缘编织 B 钩织，领口换小号钩针按边缘编织 C 钩织，分别做环形钩织。

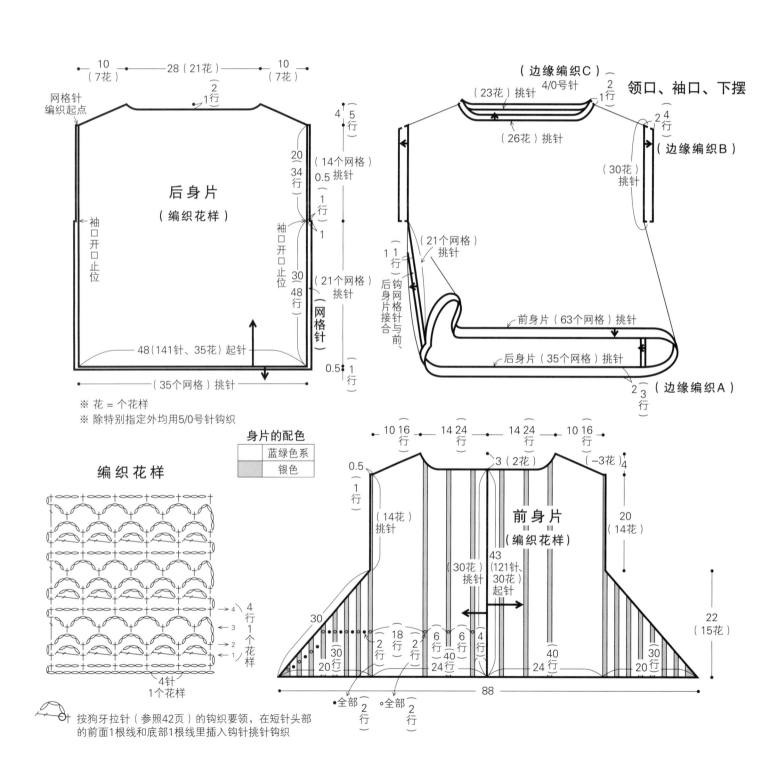

后身片（编织花样）

网格针编织起点

10（7花）　28（21花）　10（7花）

2
1行

4 5行

20 34行 0.5（14个网格）挑针

1行

20 34行

袖口开口止位

袖口开口止位

30 48行（21个网格）挑针

网格针

48(141针、35花)起针

0.5（1行）

（35个网格）挑针

※ 花 = 个花样
※ 除特别指定外均用5/0号针钩织

编织花样

4行 1个花样

→4
→3
→2
→1

4针 1个花样

按狗牙拉针（参照42页）的钩织要领，在短针头部的前面1根线和底部1根线里插入钩针挑针钩织

身片的配色

蓝绿色系	
银色	

领口、袖口、下摆

（边缘编织C）

4/0号针

（23花）挑针

（26花）挑针

2
1行

2 4行

（边缘编织 B）

（30花）挑针

（21个网格）挑针

1 1行 钩后身片网格针后身片网格针接合与前、

前身片（63个网格）挑针

后身片（35个网格）挑针

2 3行

（边缘编织 A）

前身片（编织花样）

10 16行　14 24行　14 24行　10 16行

0.5（1行）

（14花）挑针

3（2花）

（-3花）4

20（14花）

43(121针、30花)起针

（30花）挑针

30

18 行

20 行

30 行

2 行

2 行

6 40行

6 行

4 行

24行

40行

24

40 行

24

30 行

20 行

22（15花）

88

全部 2行　全部 2行

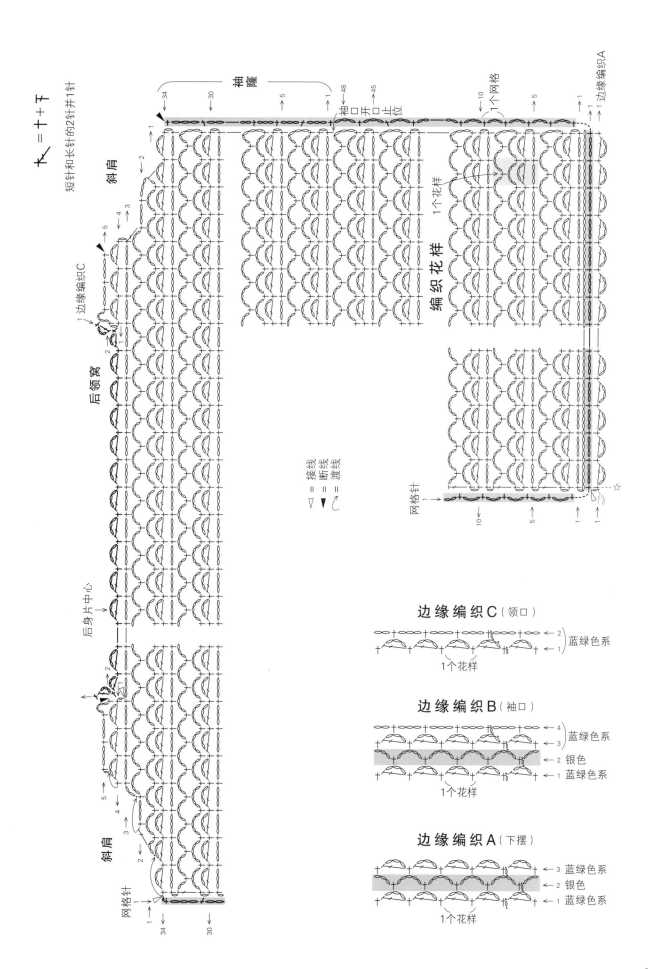

大 = 十 = 十 干

短针和长针的2针并1针

袖

34   30   5   1   48   45   10   1个网格   5   1   1边缘编织A

斜肩

2

5   4   3

边缘编织C

1边缘编织C

袖口开口止位

后领窝

1个花样

编织花样

后身片中心

□ = 接线
▼ = 断线
ᒑ = 渡线

网格针 1

10   5   1   1

☆

斜肩

5   4   3   2

网格针 1

1

34   30

边缘编织C（领口）

2 ⟵
蓝绿色系
1 ⟵

1个花样

边缘编织B（袖口）

4 ⟵
蓝绿色系
3 ⟵
2 ⟵ 银色
1 ⟵ 蓝绿色系

1个花样

边缘编织A（下摆）

3 ⟵ 蓝绿色系
2 ⟵ 银色
1 ⟵ 蓝绿色系

1个花样

渡线后继续钩织

渡线

①
②

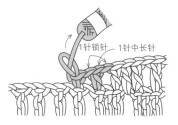

1针锁针 — 1针中长针

第1行的最后拉长钩针上的针目，将线团
穿过该针目，收紧。

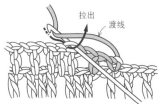

拉出

渡线

将织片逆时针翻转至前面，钩织第2行。
从指定位置将线拉出，继续钩织。

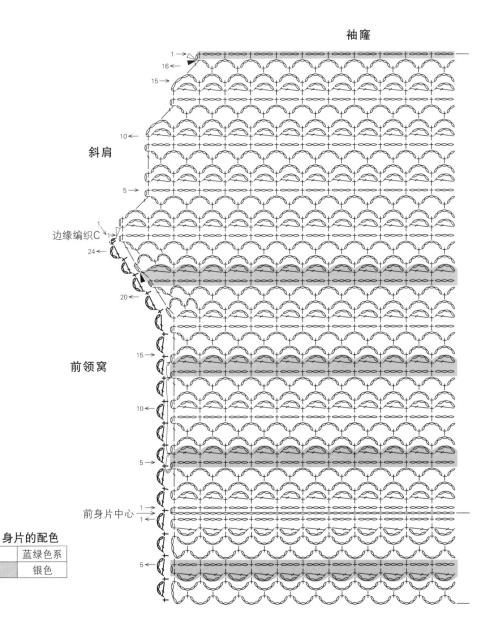

袖窿

斜肩

边缘编织C

前领窝

前身片中心

身片的配色
	蓝绿色系
	银色

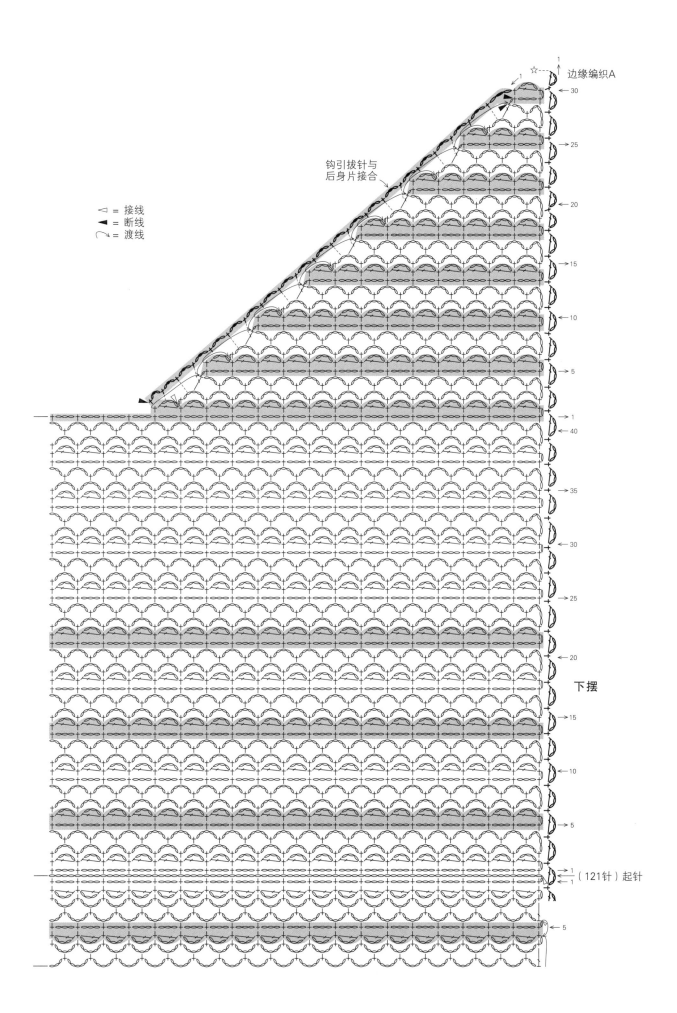

边缘编织A

钩引拔针与
后身片接合

△ = 接线
▲ = 断线
⌒ = 渡线

下摆

（121针）起针

57

●材料　SKI Linen Silk（中细）深棕色（1418）120g/5 团
●工具　棒针8号、6号，钩针5/0号
●成品尺寸　胸围98cm，衣长50cm，连肩袖长27.5cm
●编织密度　10cm×10cm面积内：编织花样B 17针，25行
●编织要领　身片在下摆处手指挂线起针后按编织花样A开始编织，在最后一行做扭加针。

接着换成编织花样B继续编织。袖窿立起侧边2针减针。领窝减2针以上时做伏针减针，减1针时立起侧边1针减针。前、后身片的肩部做引拔接合，领口按编织花样A环形编织，最后一边钩织边缘编织一边收针。袖口按编织花样A往返编织，最后结合前一行的针目做伏针收针。胁部和袖下使用毛线缝针挑针缝合。使用蒸汽熨斗熨烫镂空针目。

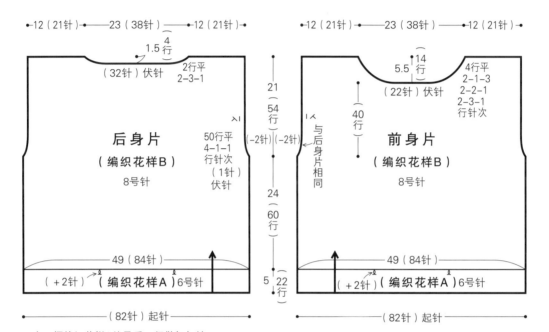

※ 在下摆编织花样A的最后一行做扭加针

后身片（编织花样B）8号针
前身片（编织花样B）8号针
（编织花样A）6号针

编织花样A（下摆、袖口）

□＝⊟ 上针

※ 下摆第22行分别在两处做扭加针

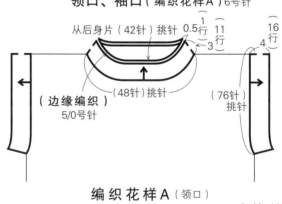

领口、袖口（编织花样A）6号针

从后身片（42针）挑针
（48针）挑针
（边缘编织）5/0号针
（76针）挑针

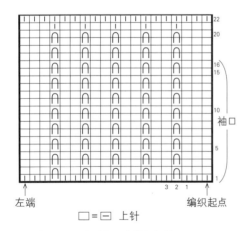

编织花样A（领口）

边缘编织

□＝⊟ 上针

编织起点

编织花样B （20针、48行1个花样）

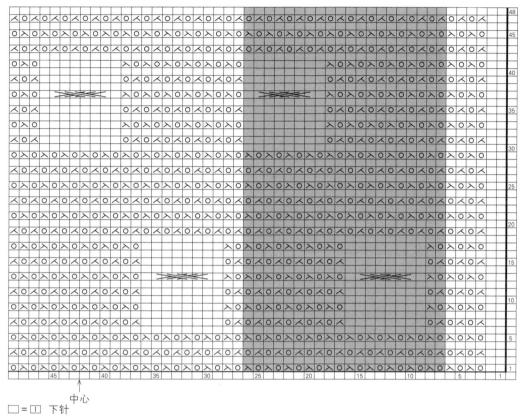

□ = ⊡ 下针

中心

※ 交叉花样左右对称排列

后领窝

前领窝

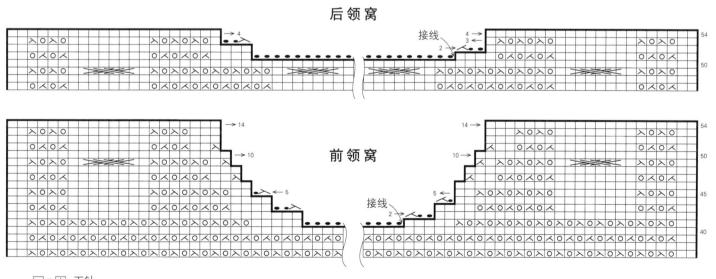

接线

□ = ⊡ 下针

11
13 页

● **材料** SKI Supima Cotton（粗）米色（5004）230g/8 团
● **工具** 钩针 5/0 号
● **成品尺寸** 胸围 96cm，衣长 52.5cm，连肩袖长 25cm
● **编织密度** 编织花样：1 个花样 3cm × 10cm（12行）
● **编织要领** 在下摆处钩锁针起针，在锁针的里山挑针后按编织花样钩织。编织花样中的"4 针长针并 1 针"要成段挑起前一行的锁针针目进行钩织。钩织 2 片相同形状的织片，肩部钩引拔针和锁针接合，胁部做锁针接合。下摆按边缘编织 A 环形钩织，领子和袖口按边缘编织 B 钩织。

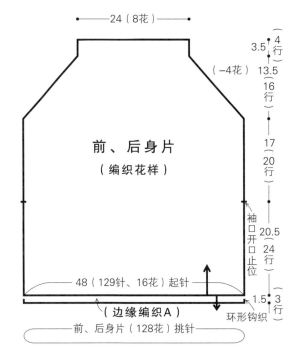

— 24（8花）—

3.5 { 4行
（−4花）13.5 16行

17 20行

20.5 24行

袖口开口止位

48（129针、16花）起针

（边缘编织A）

环形钩织

1.5 { 3行

前、后身片
（编织花样）

前、后身片（128花）挑针

※ 全部用5/0号针钩织
※ 花 = 个花样

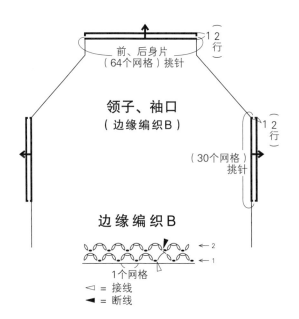

领子、袖口
（边缘编织B）

1 2 行

前、后身片
（64个网格）挑针

（30个网格）挑针

1 2 行

边缘编织B

← 2
← 1

1个网格

▷ = 接线
◀ = 断线

边缘编织 B

边缘编织起点

编织起点

连续钩织

领子

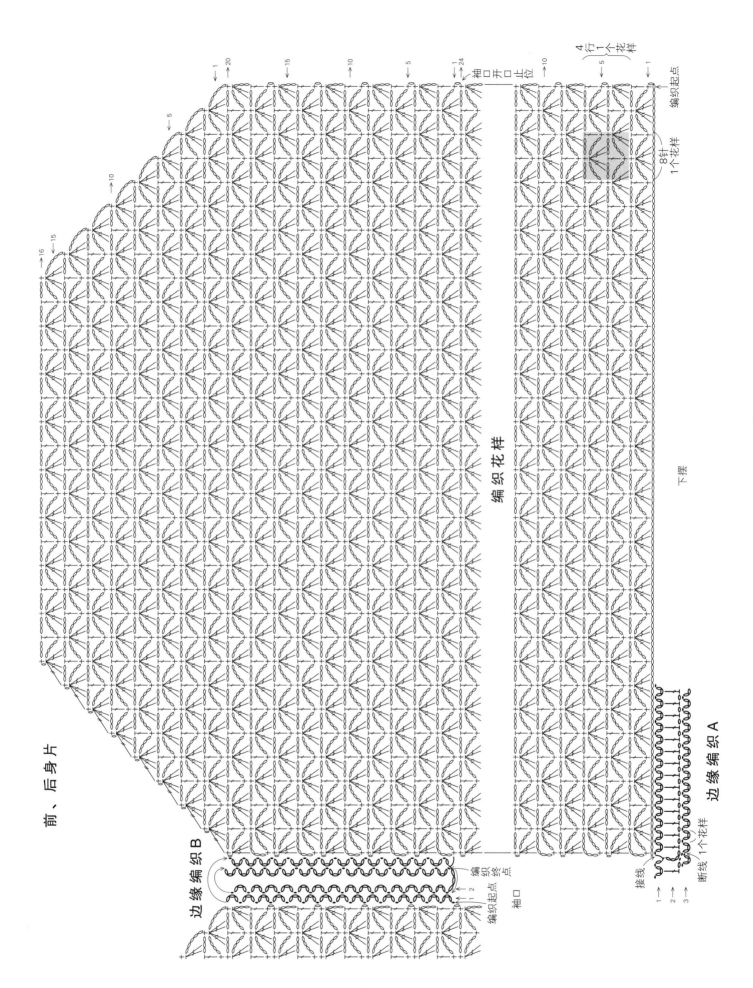

前、后身片

编织花样

边缘编织 B

边缘编织 A

1个花样

4行1个花样

5

1

编织起点

8针1个花样

下摆

袖口开口止位

袖口

编织终点

编织起点

接线

断线 1个花样

1→
2→
3→

→20
1↓

→15

→10

→5

→1
24

→10

→5

→16

→15

→10

→5

● 材料　SKI Cagall（中细）橘黄色系（1901）170g/6 团
● 工具　棒针 5 号
● 成品尺寸　胸围 100cm，衣长约 55cm，连肩袖长 45.5cm
● 编织密度　10cm×10cm面积内：编织花样 24针，24行
● 编织要领　另线锁针起针，从右前身片按编织花样开始编织。在第 11 行通过花样中的挂针加针，然后无须加、减针继续编织，最后做变化的伏针收针。一边拆开另线锁针一边挑针，按右前身片相同要领编织左前身片，注意第 1 行织上针。从左、右身片挑取针目，按编织花样编织后身片。袖子从前、后身片的指定位置挑针编织。最后在胁部和袖下使用毛线缝针挑针缝合。

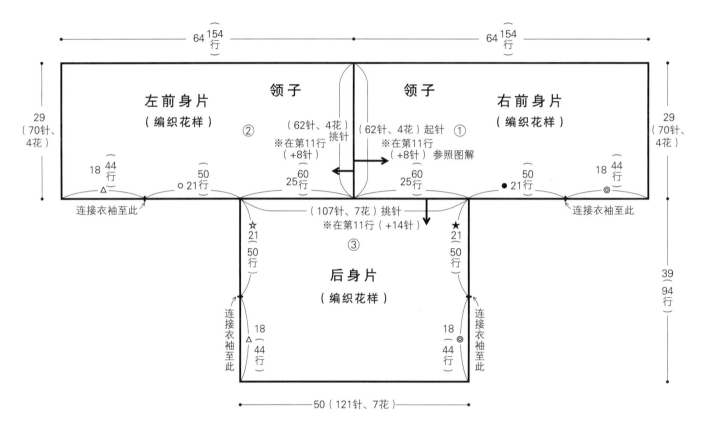

64（154行）　　　　　　　　　64（154行）

左前身片（编织花样）　　②　　领子　　领子　　右前身片（编织花样）　　①

29（70针、4花）　　　　　　　　　　　　　　　　　　　29（70针、4花）

（62针、4花）挑针　　（62针、4花）起针　①
※在第11行（+8针）　　※在第11行（+8针）参照图解

18（44行）　　○ 21行　　25（60行）　　25（60行）　　● 21行　　18（44行）
△　　　　　　　　　　　　　　　　　　　　　　　　　　　　◎

连接衣袖至此　　　　　　　　　　　　　　　　　　　　　　连接衣袖至此

（107针、7花）挑针
※在第11行（+14针）

☆ 21（50行）　　③　　★ 21（50行）

39（94行）

后身片（编织花样）

连接衣袖至此　18（44行）△　　　　　◎ 18（44行）　连接衣袖至此

50（121针、7花）

※ 花 = 个花样
※①～③表示编织顺序

※ 分别对齐相合记号◎、△ 使用毛线缝针挑针缝合

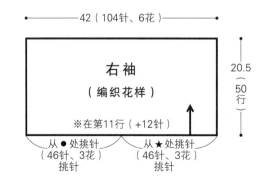

42（104针、6花）

右袖（编织花样）

20.5（50行）

※在第11行（+12针）

从●处挑针（46针、3花）挑针　　从★处挑针（46针、3花）挑针

变化的伏针收针

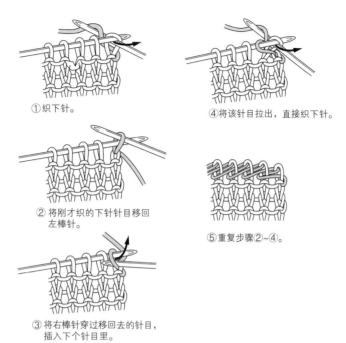

① 织下针。

② 将刚才织的下针针目移回
左棒针。

③ 将右棒针穿过移回去的针目，
插入下个针目里。

④ 将该针目拉出，直接织下针。

⑤ 重复步骤②～④。

编织花样

☆ ② (左前身片) 的第1行织上针

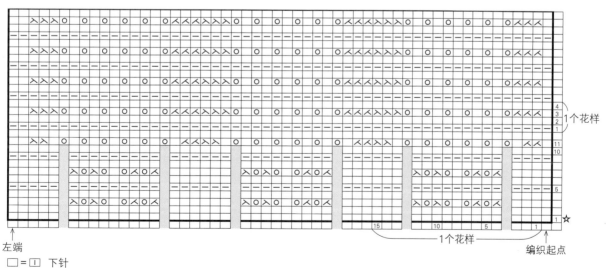

左端

□ = ① 下针

▨ = 没有针目的部分

1个花样

11
10

5

1 ☆

15　　　10　　　5　　　1

1个花样

编织起点

13
15页

● **材料** SKI Islay（中细）绿黄色（1303）
160g/7 团
● **工具** 棒针5号、4号
● **成品尺寸** 胸围104cm，衣长52.5cm，连
肩袖长27.5cm
● **编织密度** 10cm×10cm面积内：编织花样
B 24针，32行
● **编织要领** 前、后身片在下摆处手指挂线

起针，按编织花样A开始编织，接着换成编
织花样B继续编织。领窝减2针以上时做伏
针减针，减1针时起侧边1针减针。将前、
后身片的肩部正面相对对齐后做盖针接合，领
口按编织花样A环形编织，袖口按编织花样
A做往返编织，最后做伏针收针。胁部和袖口
的边针使用毛线缝针挑针缝合。使用蒸汽熨斗
熨烫镂空针目。

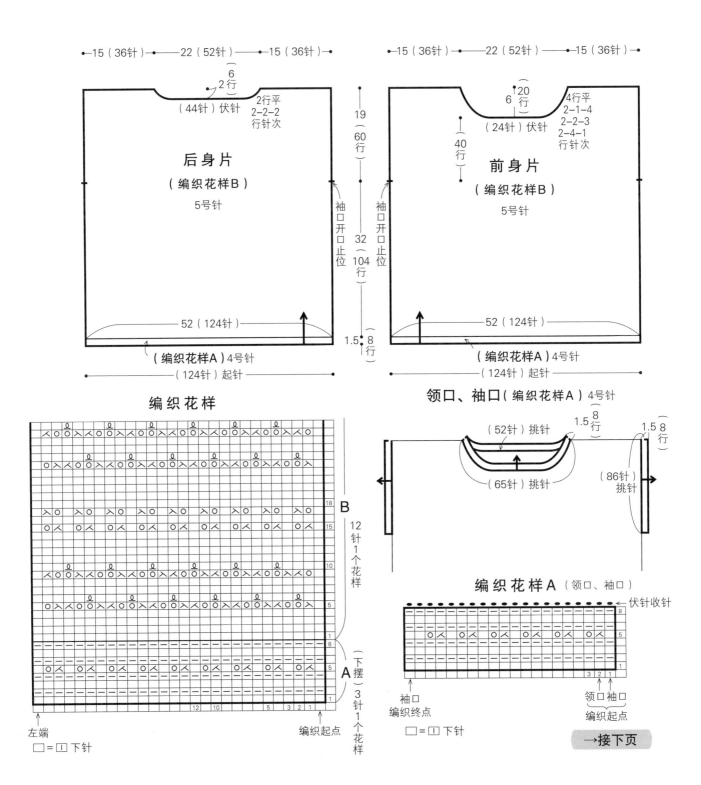

→接下页

19
——
21页

● **材料** SKI Liliana（粗）灰色系（1510）225g/9团；直径1.8cm的纽扣1颗

● **工具** 棒针6号

● **成品尺寸** 胸围107.5cm，衣长57cm，连肩袖长45cm

● **编织密度** 10cm×10cm面积内：编织花样A 19针，25.5行；编织花样B 20针，30行

● **编织要领** 身片另线锁针起针后按编织花样A编织。从连接衣袖处开始加针，挑起边上1针内侧与相邻针目之间的横线做扭加针。后领窝做伏针减针和立起侧边1针减针，前领窝立起侧边2针减针。斜肩做留针的往返编织。肩部做盖针接合后，从身片挑针按编织花样B和起伏针编织袖子，无须加、减针，最后做伏针收针。胁部和袖下使用毛线缝针挑针缝合，下摆编织起伏针。前门襟和领口编织起伏针，在右前门襟留出扣眼。

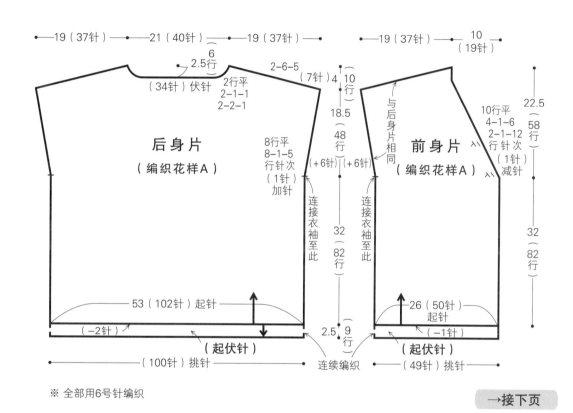

19（37针）— 21（40针）— 19（37针）— — 19（37针）— 10（19针）

6
2.5行

（34针）伏针
2行平
2-1-1
2-2-1
2-6-5
（7针）4

10
行

18.5
（48
行）

后身片
（编织花样A）

8行平
8-1-5
行针次
（1针）
加针

（+6针）（+6针）

连接衣袖至此

32
（82
行）

前身片
（编织花样A）

与后身片相同

10行平
4-1-6
2-1-12
行针次
（1针）
减针

22.5
（58
行）

32
（82
行）

53（102针）起针

26（50针）起针

（-2针）

（起伏针）

（-1针）

（起伏针）

2.5（9行）

（100针）挑针

连续编织

（49针）挑针

※ 全部用6号针编织

→接下页

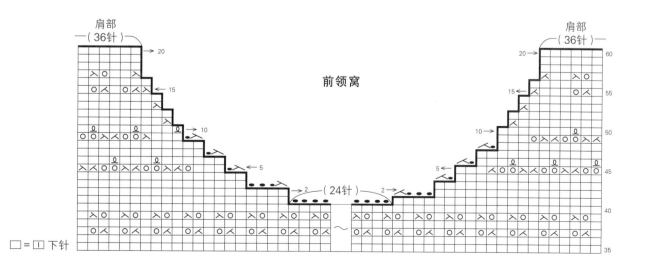

肩部（36针）

20

15

10

5

2 （24针） 2

肩部（36针）

60
55
50
45
40
35

20
15
10
5

前领窝

□=□ 下针

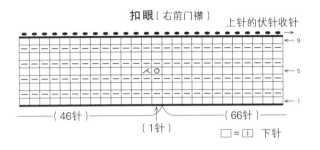

扣眼（右前门襟）　　　上针的伏针收针

（46针）　　（1针）　　（66针）

□ = ① 下针

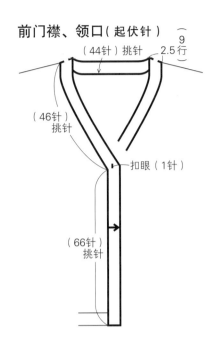

前门襟、领口（起伏针）

（44针）挑针　　9
2.5行

（46针）挑针

扣眼（1针）

（66针）挑针

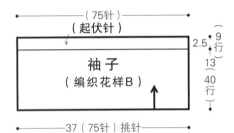

（75针）
（起伏针）

袖子
（编织花样B）

2.5{9行

13{40行

37（75针）挑针

编织花样B

上针的伏针收针

9

5

1

40

起伏针

35

30

25

20

15

10

5

1

6 5　　1

左端　　　　　　　　　　　　编织起点

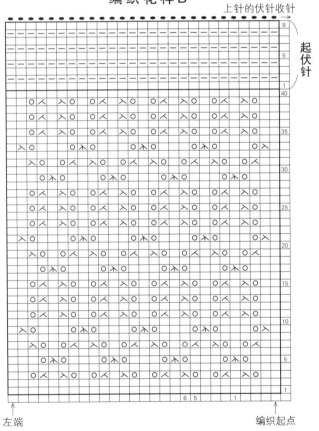

编织花样A

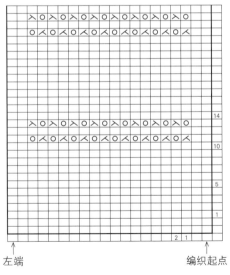

14

10

5

1

2 1

左端　　　　　　　　　　　编织起点

□ = ① 下针

66

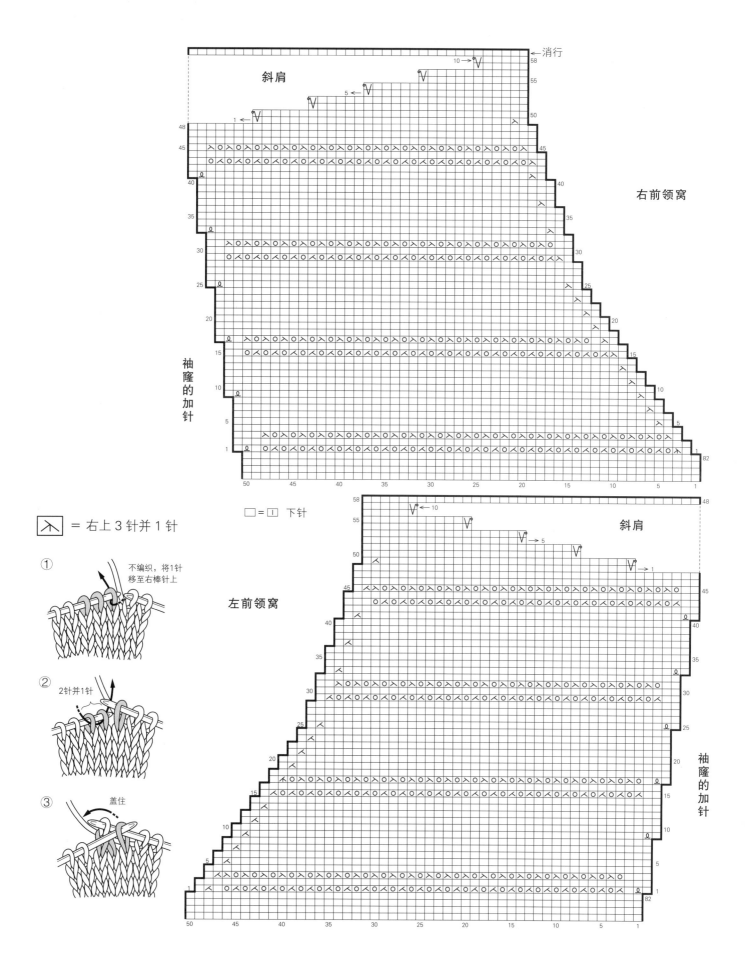

消行

斜肩

右前领窝

袖窿的加针

= 右上 3 针并 1 针

□ = ① 下针

① 不编织，将1针移至右棒针上

② 2针并1针

③ 盖住

左前领窝

斜肩

袖窿的加针

14
16 页

●**材料** SKI Cagall（中细）蓝绿色系（1906）190g/7 团
●**工具** 棒针 5 号，钩针 4/0 号
●**成品尺寸** 胸围 120cm，衣长 54.5cm
●**编织密度** 10cm×10cm面积内：编织花样 22针，34行
●**编织要领** 手指松松地挂线起针后开始编织起伏针，起针针目用作反面行。接着按编织花样等针直编。编织过程中，在袖口、领口开口止位分别用线做上记号。编织4片相同的织片，分别对齐2片织片，在肩部做盖针接合。使用毛线缝针挑针缝合至袖口、领口开口止位。领口和袖口钩短针调整形状，注意也要从肩部接合部分挑针。领口开口止位在前、后中心钩织2针并1针，形成漂亮的 V 形领。

组合方法

领口、袖口（短针）4/0号针

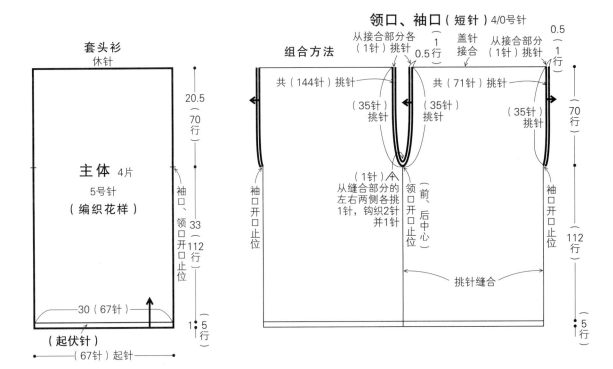

套头衫
休针

主体 4片
5号针
（编织花样）

20.5（70行）
袖口、领口开口止位
33（112行）
1 5行
30（67针）
（起伏针）
（67针）起针

从接合部分各（1针）挑针
1 0.5行
盖针接合
从接合部分各（1针）挑针
0.5（1行）

共（144针）挑针
（35针）挑针
（35针）挑针
共（71针）挑针
（35针）挑针

袖口开口止位
（1针）
从缝合部分的左右两侧各挑1针，钩织2针并1针
领口开口止位
（前、后中心）
挑针缝合
袖口开口止位

70（112行）
5行

编织花样

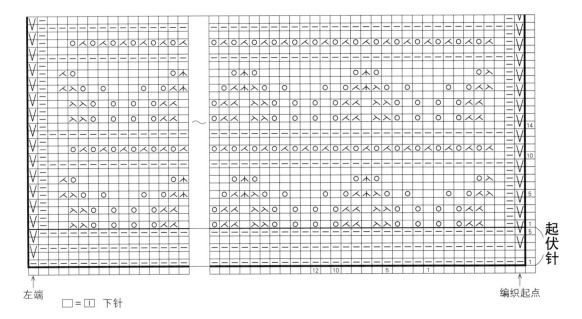

14
10
5
1 5
1
左端
起伏针
编织起点

□ = [1] 下针

● 材料　SKI Supima Cotton（粗）淡蓝色（5008）110g/4 团、嫩绿色（5009）110g/4 团
● 工具　钩针7/0号
● 成品尺寸　宽28cm，深约30cm
● 编织密度　10cm×10cm面积内：短针17针，20行
● 编织要领　整体各取1根淡蓝色线和嫩绿色线钩织。底部锁针起针，在锁针的里山挑针开始钩织，无须加、减针钩织短针。在提手位置钩锁针，下一行在锁针的里山挑针继续钩织。另一侧在起针的锁针针目剩下的2根线里挑针，按开始时相同要领钩织。正面相对对齐，钩引拔针接合两侧，在袋口和提手开口处分别钩一圈引拔针调整形状。用淡蓝色线和嫩绿色线钩织细绳，穿入流苏，系在侧边。

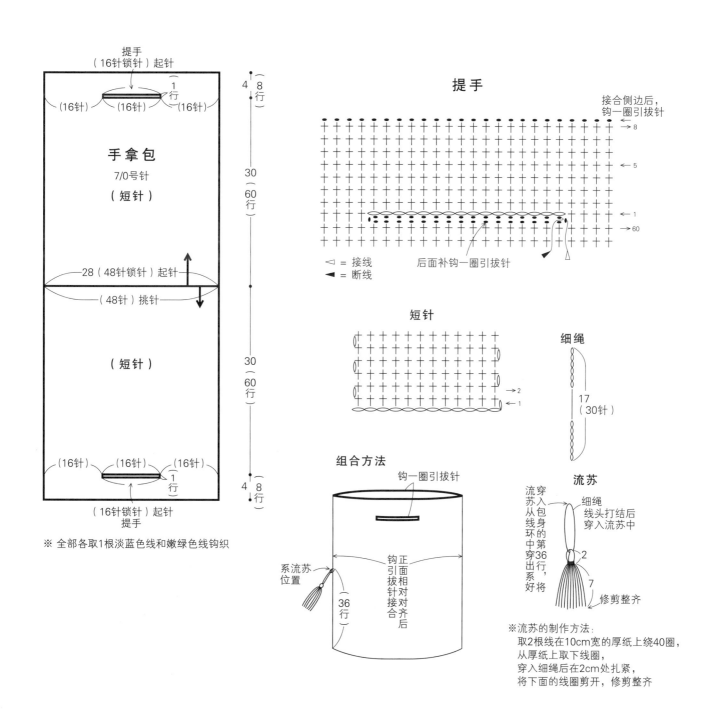

提手（16针锁针）起针

（16针）　（16针）　（16针）

1行　4（8行）

手拿包

7/0号针

（短针）

30（60行）

28（48针锁针）起针

（48针）挑针

（短针）

30（60行）

（16针）　（16针）　（16针）

1行　4（8行）

（16针锁针）起针
提手

※ 全部各取1根淡蓝色线和嫩绿色线钩织

提手

接合侧边后，钩一圈引拔针

→8
←5
←1
→60

◁ = 接线
◀ = 断线

后面补钩一圈引拔针

短针

→2
←1

组合方法

钩一圈引拔针

系流苏位置

钩正面引拔相对针接合后

36行

细绳

17（30针）

流苏

流穿苏入从包线身环的中第36出行，系好将

细绳线头打结后穿入流苏中

2
7

修剪整齐

※流苏的制作方法：
取2根线在10cm宽的厚纸上绕40圈，
从厚纸上取下线圈，
穿入细绳后在2cm处扎紧，
将下面的线圈剪开，修剪整齐

●材料 SKI Supima Cotton（粗） 黑色（5025）
75g/3 团，蓝色（5020）85g/3 团
●工具 钩针 5/0 号
●成品尺寸 宽 26cm，深约 28cm（不含提手）
●编织密度 10cm×10cm面积内：编织花样
30针，10.5行；长针25针，12行
●编织要领 底部锁针起针，在锁针的里山挑

16
17页

针开始钩织。按编织花样无须加、减针钩织。
钩完 21 行后换线，平均减针后继续钩长针，
再钩织左右两侧的提手。钩织 2 片相同的织片，
使用毛线缝针挑针缝合侧边。在折线处将左右
两边向内翻折，底部的翻折部分重叠 4 片，中
间部分重叠 2 片，从正面做引拔接合。提手
的编织终点位置重叠 4 片从正面做引拔接合。

手提包 5/0号针
2片

组合方法

使用毛线缝针挑针缝合

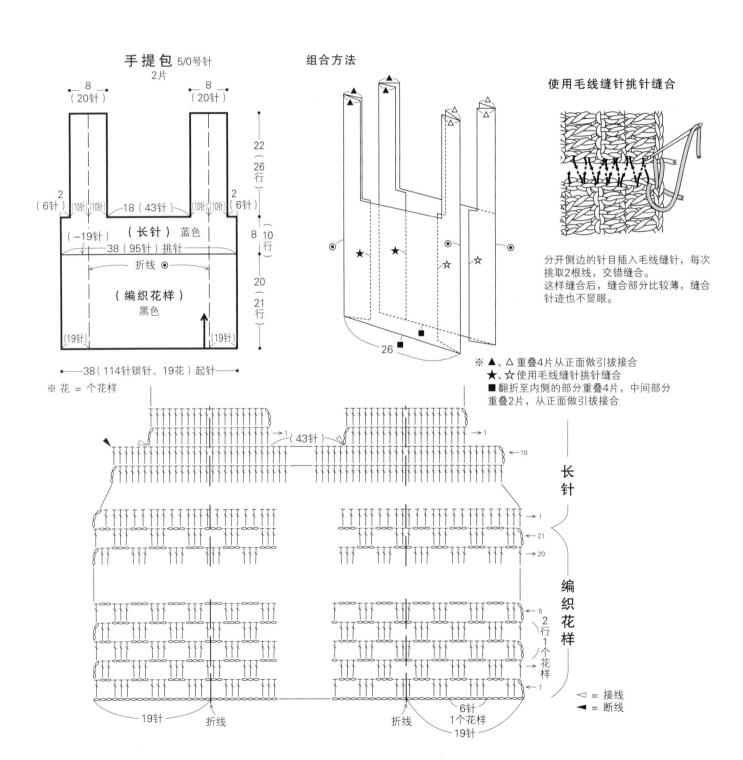

分开侧边的针目插入毛线缝针，每次
挑取2根线，交错缝合。
这样缝合后，缝合部分比较薄，缝合
针迹也不显眼。

※ ▲、△ 重叠4片从正面做引拔接合
★、☆ 使用毛线缝针挑针缝合
■ 翻折至内侧的部分重叠4片，中间部分
重叠2片，从正面做引拔接合

▽ = 接线
◀ = 断线

长针

编织花样

70

18
20 页

● **材料** SKI Sofia（中细）藏青色（218）180g/6 团

● **工具** 钩针 4/0 号、3/0 号

● **成品尺寸** 胸围 90cm，肩宽 34cm，衣长 54.5cm

● **编织密度** 编织花样A：1个花样9.5cm × 10cm（9行）；编织花样B：10cm × 10cm 面积内5.5个花样（9行）

● **编织要领** 后身片锁针起针，在锁针的里山挑针开始钩织，按编织花样 A 和编织花样 B 从肩部向下摆方向钩织。编织花样 A 中的 7 针短针成段挑起 8 针锁针钩织。从腰线位置开始钩织 A 字廓形，编织花样 A'和编织花样 B'需要增加贝壳花样之间的锁针针目，编织花样 A"和编织花样 B"将贝壳花样中的长针针数加至 3 针。前身片的左、右肩部分开钩织，在第 11 行连起来钩织。将前、后身片的肩部正面相对对齐，成段挑起起针的锁针针目，钩短针接合。胁部钩引拔针和锁针接合。下摆和袖窿按边缘编织 A 环形钩织，领口按边缘编织 B 钩织。

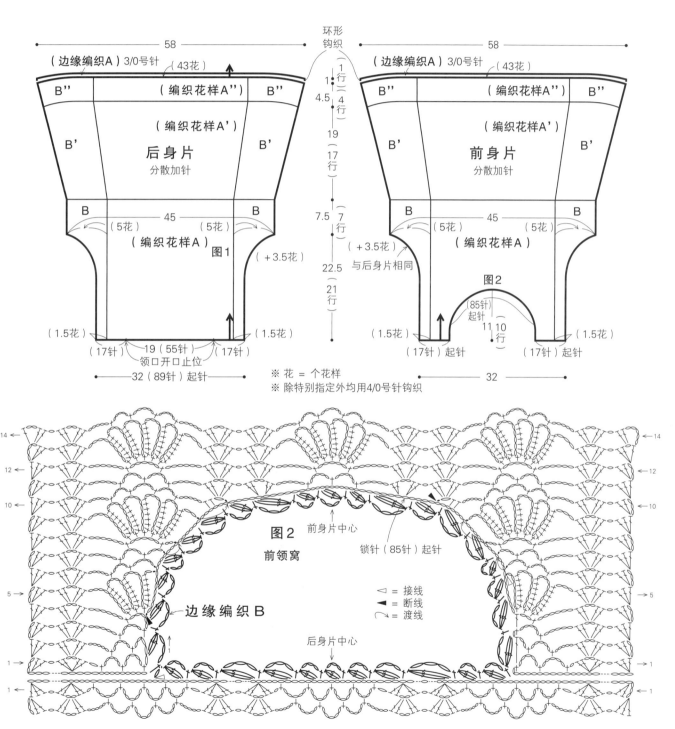

图2 前领窝

图1

后身片 分散加针

前身片 分散加针

边缘编织 B

前身片中心

后身片中心

锁针（85针）起针

◁ = 接线
◀ = 断线
⌒ = 渡线

※ 花 = 个花样
※ 除特别指定外均用4/0号针钩织

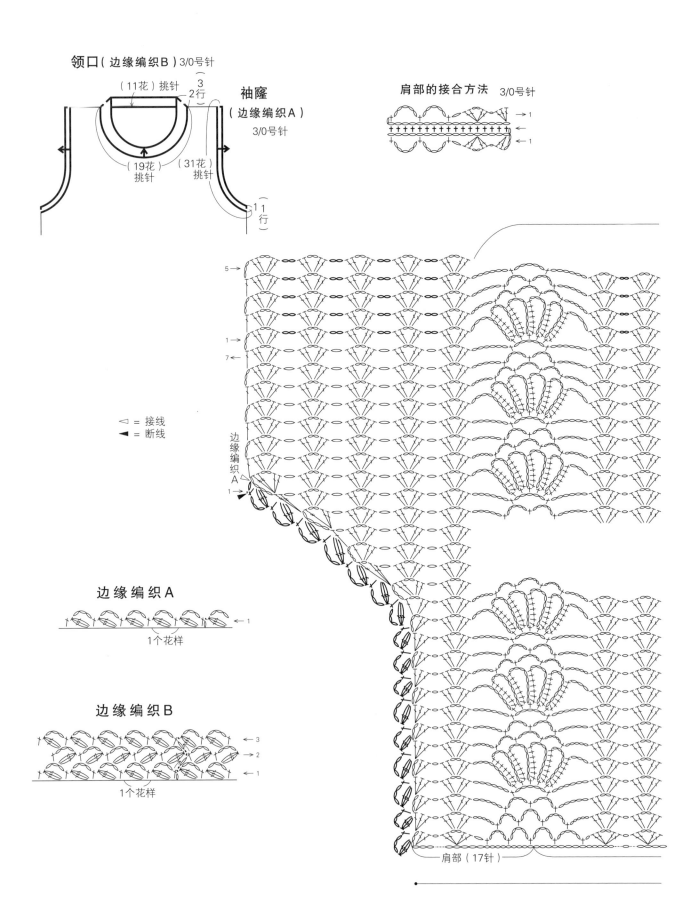

领口（边缘编织B）3/0号针

（11花）挑针

3
2行

袖窿

（边缘编织A）

3/0号针

（19花）挑针 （31花）挑针

（1行 1）

肩部的接合方法 3/0号针

→1
←1
←1

◁ ＝ 接线
◀ ＝ 断线

5→

1→
7←

边缘编织A
◁
1→
◀

边缘 编织 A

←1

1个花样

边 缘 编 织 B

←3
→2
←1

1个花样

肩部（17针）

72

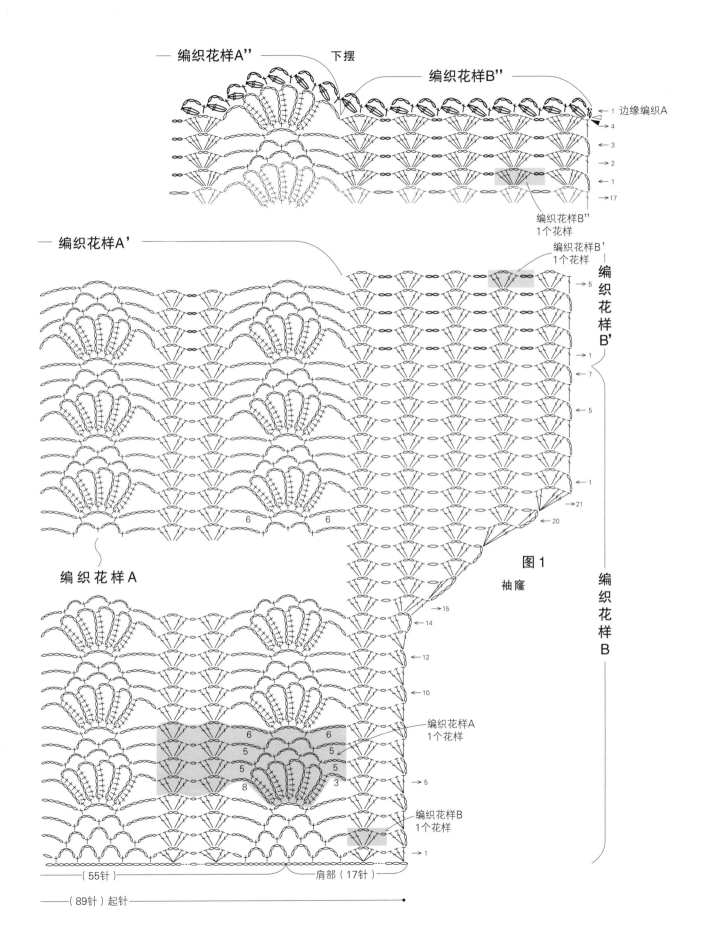

编织花样A'' 下摆

编织花样B''

边缘编织A

编织花样B''
1个花样

编织花样A'

编织花样B'
1个花样

编织
花样
B'

图1
袖窿

编织花样A

编织
花样
B

编织花样A
1个花样

编织花样B
1个花样

（55针）　　肩部（17针）

（89针）起针

17
18页

● **材料** SKI Linen Silk（中细）浅紫色
（1404）260g/11团；1.8cm×1.4cm
的椭圆形纽扣 2颗

● **工具** 棒针4号

● **成品尺寸** 胸围96cm，衣长54.5cm，
连肩袖长54.5cm

● **编织密度** 10cm×10cm面积内：
编织花样22针，33行

● **编织要领** 后身片在下摆处手指挂
线起针后开始编织起伏针，在花样切
换线上平均加针，然后按编织花样等
针直编，无须加、减针。前身片按后
身片的相同要领编织，注意从下摆的
起伏针开始连前门襟一起编织。右前
身片编织结束时不断线，休针备用。
前、后身片的肩部做盖针接合。用休
针备用的线从身片继续编织领子，接
着用起伏针编织领子边缘，在两处
留出扣眼，最后做伏针收针。袖子
从身片挑针，按编织花样编织，但要
立起侧边1针减针，袖口编织起伏针。
胁部和袖下使用毛线缝针挑针缝合。

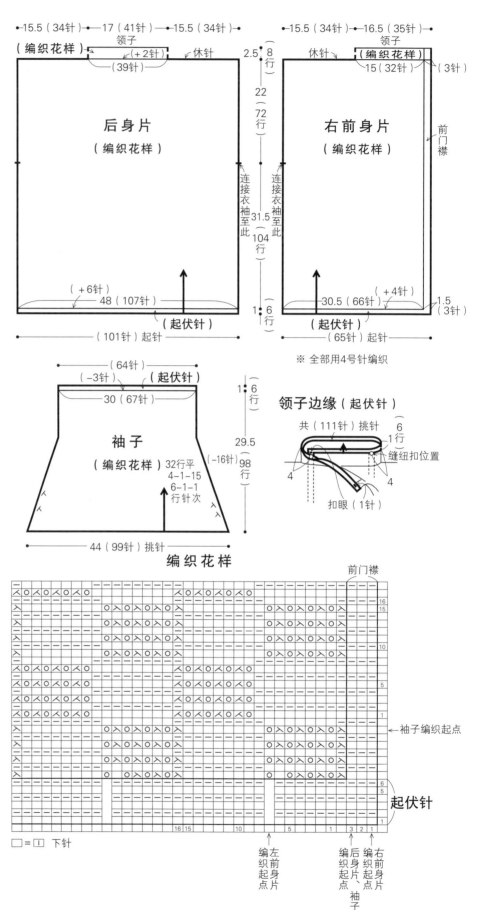

后身片
（编织花样）

·15.5（34针）→·17（41针）→·15.5（34针）·
领子
（编织花样）（+2针）休针
（39针）
2.5 { 8行
22（72行）
连接衣袖至此
31.5（104行）
（+6针）
48（107针）
1 { 6行
（起伏针）
（101针）起针

右前身片
（编织花样）

·15.5（34针）→·16.5（35针）·
领子
休针（编织花样）
15（32针）（3针）
前门襟
连接衣袖至此
30.5（66针）（+4针）
1.5（3针）
（起伏针）
（65针）起针

※ 全部用4号针编织

袖子
（编织花样）32行平
4-1-15
6-1-1
行针次

（64针）
（-3针）（起伏针）
30（67针）
1 { 6行
29.5（98行）
（-16针）
44（99针）挑针

领子边缘（起伏针）
共（111针）挑针
6
1行
缝纽扣位置
4   4
扣眼（1针）

编织花样

□＝Ｉ 下针

前门襟
16
15
10
5
1
←袖子编织起点
6 5
1
起伏针

编织左前身片
编织后身片起点
编织右前身片、袖子起点

16 15   10   5   1 3 2 1

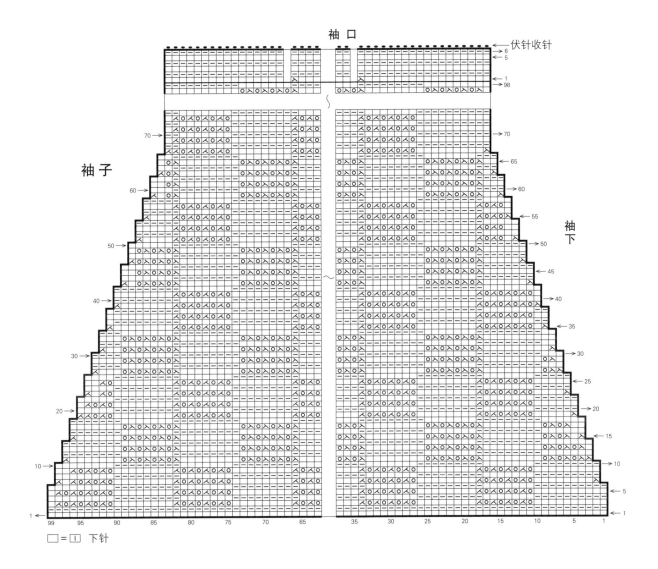

袖口

伏针收针

袖子

袖下

□=□ 下针

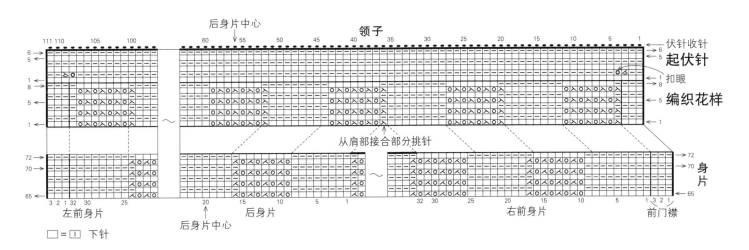

后身片中心

领子

伏针收针

起伏针

扣眼

编织花样

从肩部接合部分挑针

左前身片

后身片中心

后身片

右前身片

前门襟

身片

□=□ 下针

●**材料** SKI Cotton Brill（中细）原白色（2）220g/9 团

●**工具** 钩针 3/0 号

●**成品尺寸** 胸围96cm，衣长50cm，连肩袖长41cm

●**编织密度** 10cm×10cm面积内：编织花样8个网格，15.5行

●**编织要领** 在下摆处钩织起始花样，再从起始花样上挑针按编织花样钩织，接着钩织网格针。袖子的加针参照图1钩织，斜肩参照图2钩织。后身片按编织花样钩织领窝部分。前身片中途钩入V形花样，从领窝开始分成左右两边钩织。肩部按编织花样钩织，然后如图所示钩网格针与后身片连接。胁部钩引拔针和锁针（3针锁针）接合，袖口按编织花样钩织。领口按边缘编织钩织，注意第1行钩织的是5针锁针的网格针，第2、3行钩织的是4针锁针的网格针。

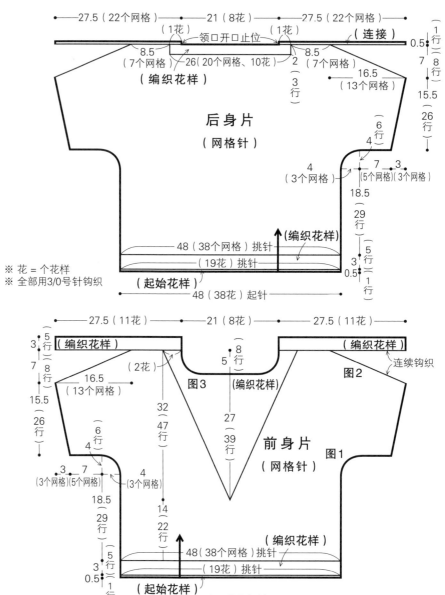

※ 花 = 个花样
※ 全部用3/0号针钩织

后身片
（网格针）

27.5（22个网格）　21（8花）　27.5（22个网格）
（1花）　领口开口止位　（1花）　（连接）
8.5　　26（20个网格、10花）　2　8.5
（7个网格）　（编织花样）　（3行）　（7个网格）
0.5 / 1行
7 / 8行
15.5 / 26行
16.5（13个网格）
4（3个网格）　4（6行）　7（5个网格）　3（3个网格）
18.5（29行）
48（38个网格）挑针　（编织花样）
（19花）挑针
3 / 5行
0.5 / 1行
（起始花样）
48（38花）起针

前身片
（网格针）　图1

27.5（11花）　21（8花）　27.5（11花）
（编织花样）　（编织花样）
3 / 5行
7 / 8行
15.5 / 26行
16.5（13个网格）
（2花）　8 / 5行
图3　（编织花样）　图2　连续钩织
32（47行）　27（39行）
4（6行）
3（3个网格）　7（5个网格）　4（3个网格）
18.5（29行）
14（22行）
48（38个网格）挑针　（编织花样）
（19花）挑针
3 / 5行
0.5 / 1行
（起始花样）
48（38花）起针

连接

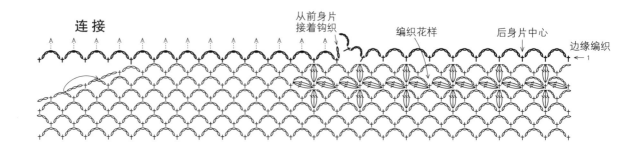

从前身片接着钩织　编织花样　后身片中心　边缘编织
1

3针长针的枣形针

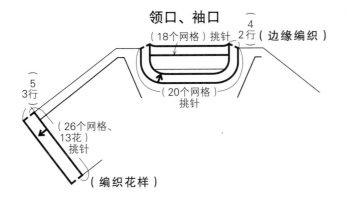

领口、袖口

（18个网格）挑针 4行（边缘编织）

（20个网格）挑针

（26个网格、13花）挑针

（编织花样）

5 3行

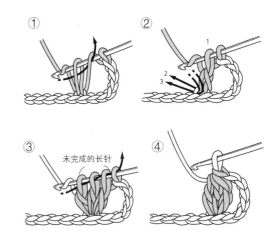

① ② ③ 未完成的长针 ④

边缘编织

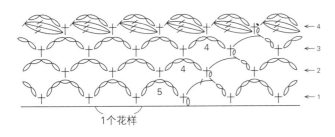

←4
←3
←2
←1

1个花样

起始花样

编织花样

1↑ 1→
1↓

编织起点

1个花样

◁ = 接线
◀ = 断线
↝ = 渡线

※一边在前身片编织花样的第5行网格针上引拔，一边继续钩织

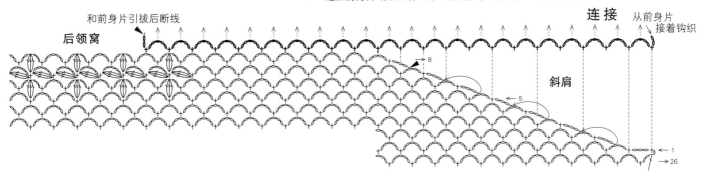

和前身片引拔后断线

后领窝

连接 从前身片接着钩织

斜肩

8
←5
→1
→26

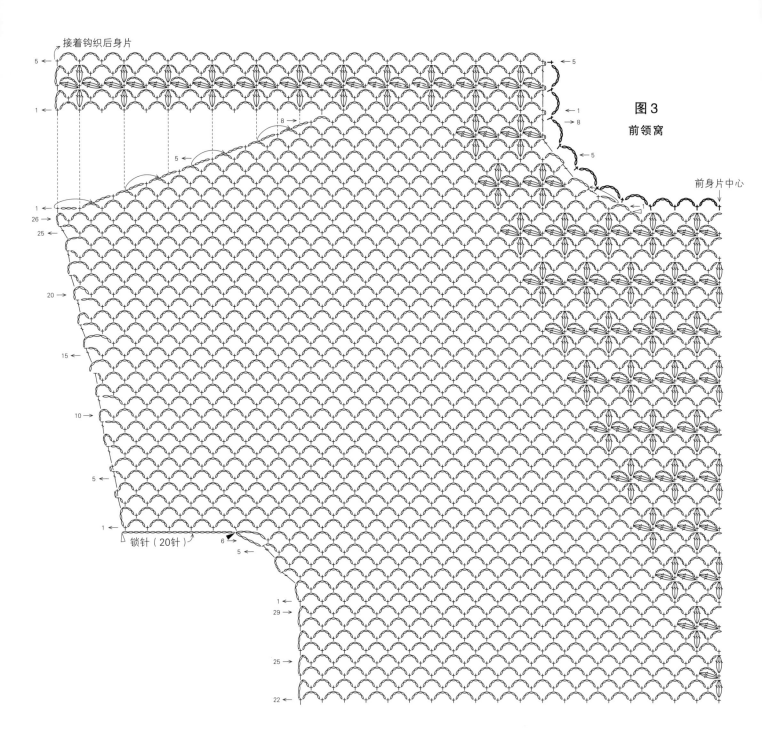

接着钩织后身片

图 3
前领窝

前身片中心

锁针（20针）

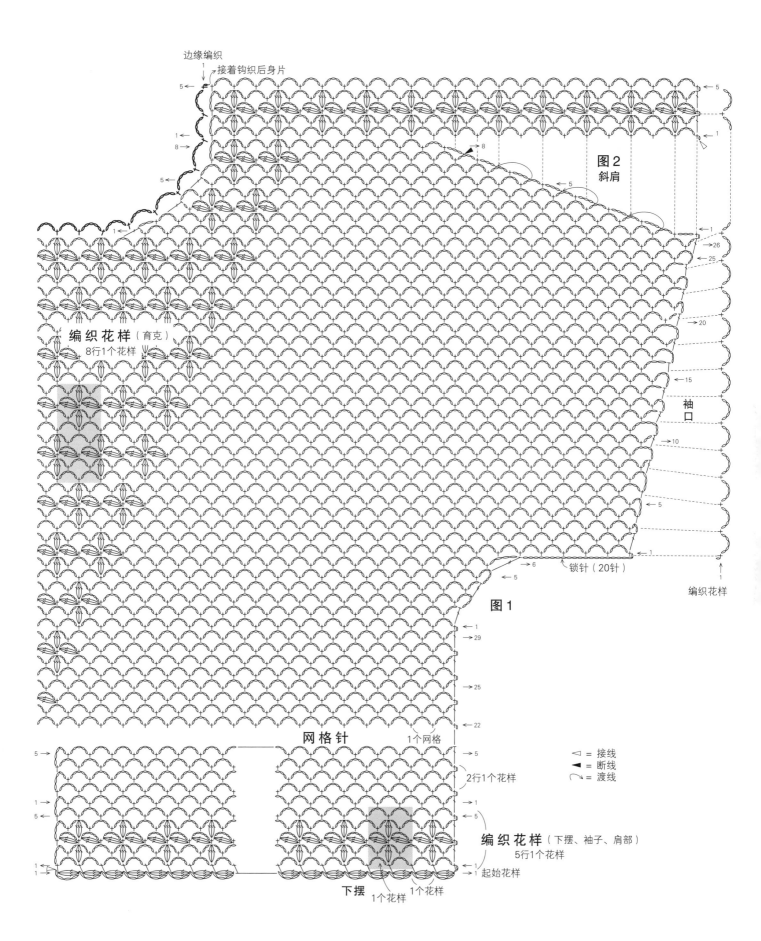

边缘编织

接着钩织后身片

编织花样（育克）
8行1个花样

图2
斜肩

袖口

编织花样

图1

锁针（20针）

网格针

1个网格

2行1个花样

◁ = 接线
◀ = 断线
⌒ = 渡线

编织花样（下摆、袖子、肩部）
5行1个花样

起始花样

下摆

1个花样 1个花样 1个花样

●**材料** SKI Supima Cotton（粗）绿色（5018）270g/9 团
●**工具** 钩针 4/0 号、3/0 号
●**成品尺寸** 胸围 96cm，肩宽 34cm，衣长 56cm
●**编织密度** 10cm×10cm面积内：编织花样 25针，12行
●**编织要领** 锁针起针，在锁针的里山挑针开

始钩织，整体按编织花样钩织。花样的短针的拉针如图所示成段挑起前 3 行钩织。袖窿参照图 1 钩织，前领窝参照图 2 钩织。对齐前、后肩部做卷针缝缝合，胁部钩引拔针和锁针接合至开衩止位。领口和袖窿一边调整编织密度一边环形钩织边缘。下摆也按边缘编织钩织，注意钩完第 2 行后断线，接着在开衩止位接线，与下摆的第 3 行一起钩反短针。

23
26页

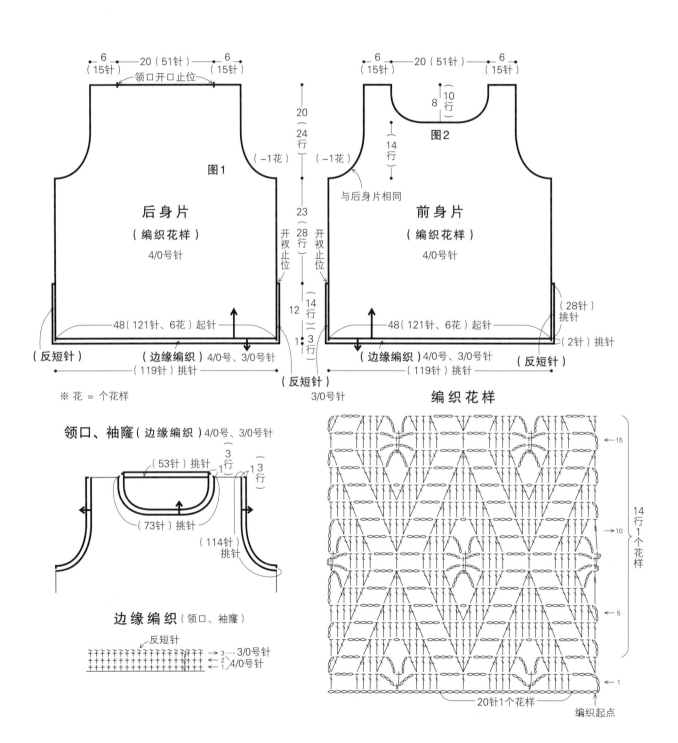

图1

后身片
（编织花样）
4/0号针

前身片
（编织花样）
4/0号针

图2

领口、袖窿（边缘编织）4/0号、3/0号针

边缘编织（领口、袖窿）

编织花样

14行1个花样

20针1个花样

编织起点

※ 花 = 个花样

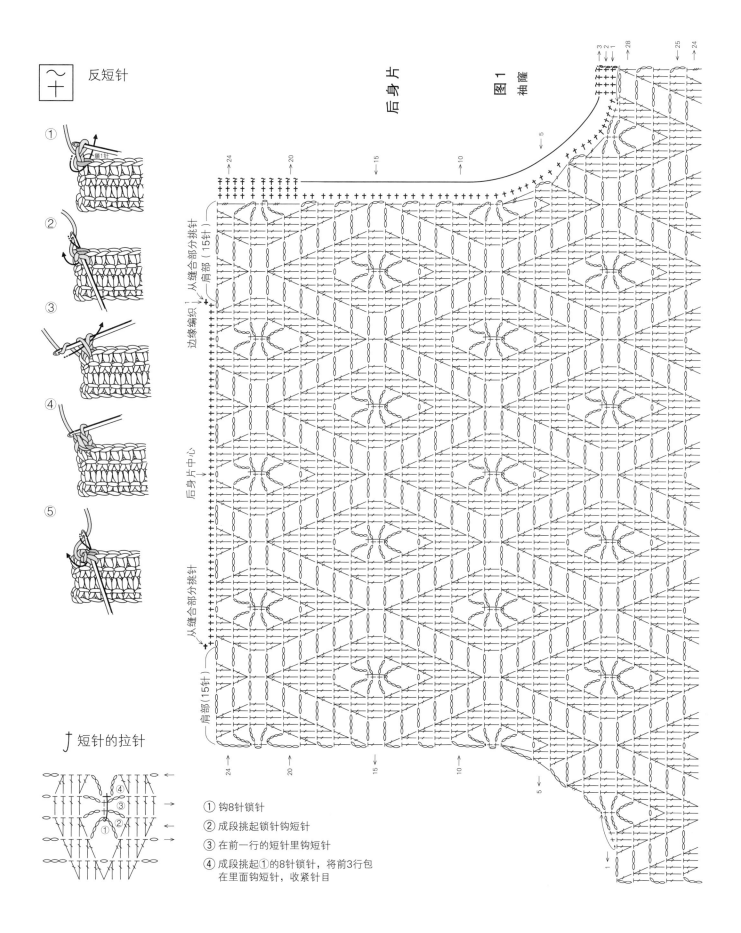

反短针

① **顶1针**

②

③

④

⑤

短针的拉针

① 钩8针锁针

② 成段挑起锁针钩短针

③ 在前一行的短针里钩短针

④ 成段挑起①的8针锁针，将前3行包在里面钩短针，收紧针目

后身片

图1

袖隆

边缘编织①

从缝合部分挑针

肩部（15针）

后身片中心

从缝合部分挑针

肩部（15针）

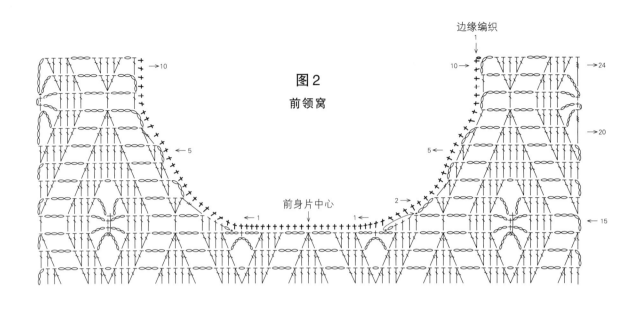

图 2
前领窝

边缘编织

前身片中心

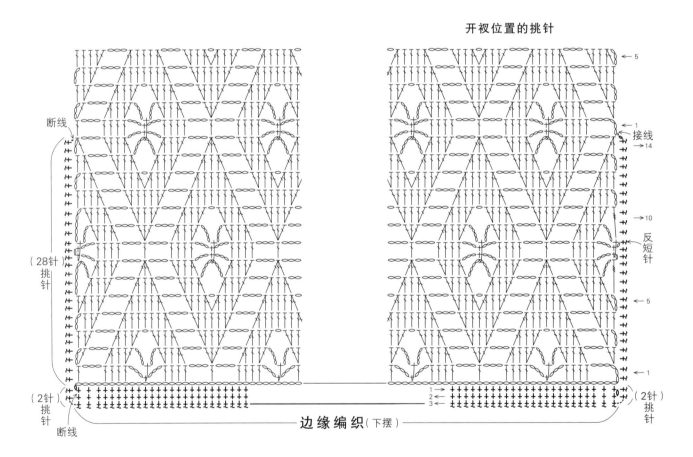

开衩位置的挑针

边缘编织（下摆）

断线

（28针）挑针

（2针）挑针

断线

（2针）挑针

接线

反短针

20
22页

●**材料** SKI Adessa（粗）茶色（1805）270g/11团；直径1.8cm的纽扣1颗

●**工具** 棒针5号、6号、7号，钩针5/0号、6/0号

●**成品尺寸** 胸围96cm，衣长61.5cm，连肩袖长39cm

●**编织密度** 10cm×10cm面积内：编织花样A 18针，26.5行；编织花样B 17针，25行（5号棒针）

●**编织要领** 前后身片手指挂线起针后按编织花样A编织。织完42行后，如图所示编织2

针并1针和针目与针目之间的扭加针作为袖子挑针位置的引导线。胁部、袖窿和领窝减2针以上时做伏针减针，减1针时立起侧边1针减针。肩部做盖针接合，袖子从前、后身片的指定位置挑针，按编织花样B一边调整编织密度一边编织。左右两边做伏针减针，编织结束时做伏针收针。胁部和袖下使用毛线缝针挑针缝合，身片的袖窿和下摆按边缘编织A钩织。前门襟和领口也按边缘编织A钩织，注意按照图示钩织扣眼和前门襟转角处。最后在袖口钩织边缘编织B。

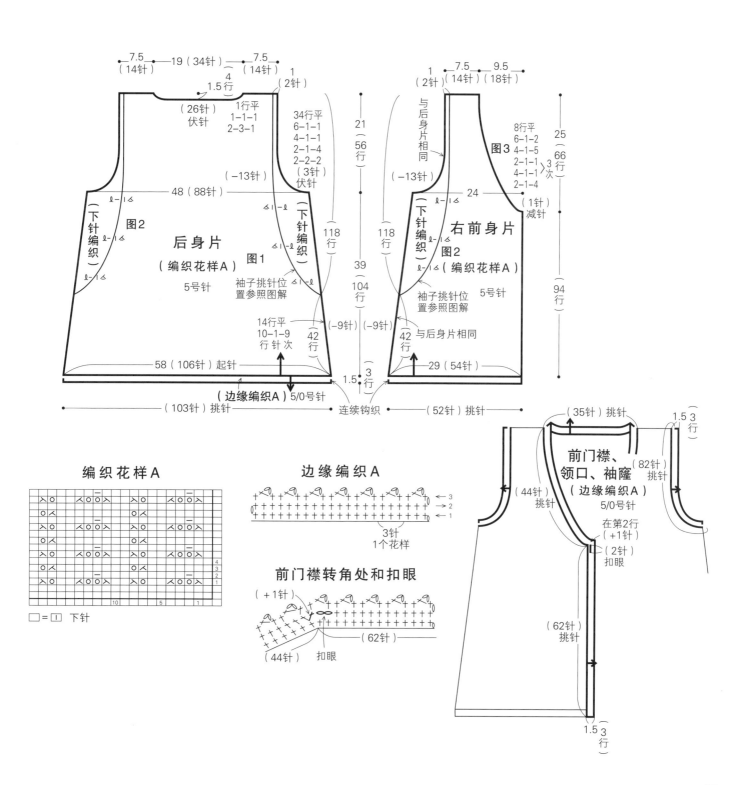

编织花样A

□ = 下针

边缘编织A

3针
1个花样

前门襟转角处和扣眼

（+1针）
（62针）
（44针）扣眼

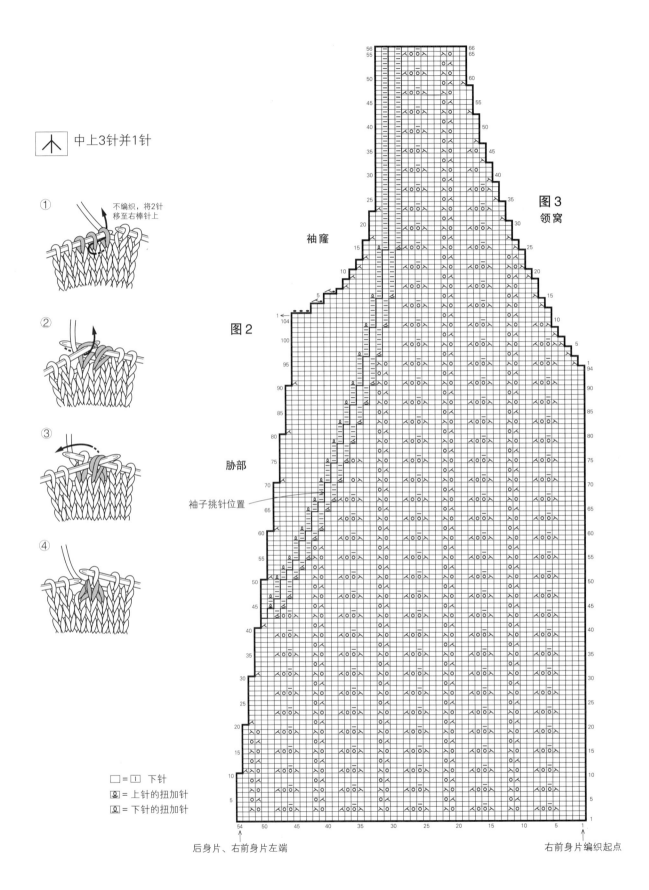

中上3针并1针

① 不编织，将2针移至右棒针上

②

③

④

图2

图3
领窝

袖窿

胁部

袖子挑针位置

□ = □ 下针
② = 上针的扭加针
② = 下针的扭加针

后身片、右前身片左端

右前身片编织起点

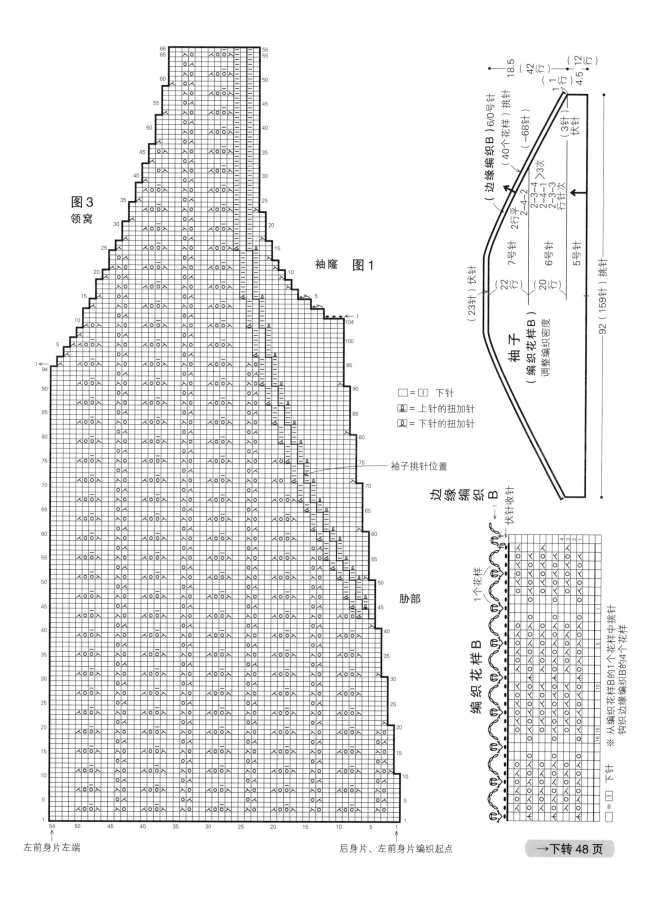

图3
领窝

袖窿 图1

□ = □ 下针
国 = 上针的扭加针
国 = 下针的扭加针

袖子挑针位置

胁部

边缘编织B

编织花样B

1个花样

□ = □ 下针

※ 从编织花样B的1个花样中挑针
钩织边缘编织B的4个花样

左前身片左端

后身片、左前身片编织起点

（边缘编织B）6/0号针

（40个花样）（−68针）挑针

2-4-2
2-4-1 〉3次
2-3-3
行针次

（3针）伏针

2行平
7号针

袖子
（编织花样B）
调整编织密度

6号针

5号针

（23针）伏针
22行

（20针）
20行

92（159针）挑针

18.5
42
行
1行
4.5 12行

→ 下转 48 页

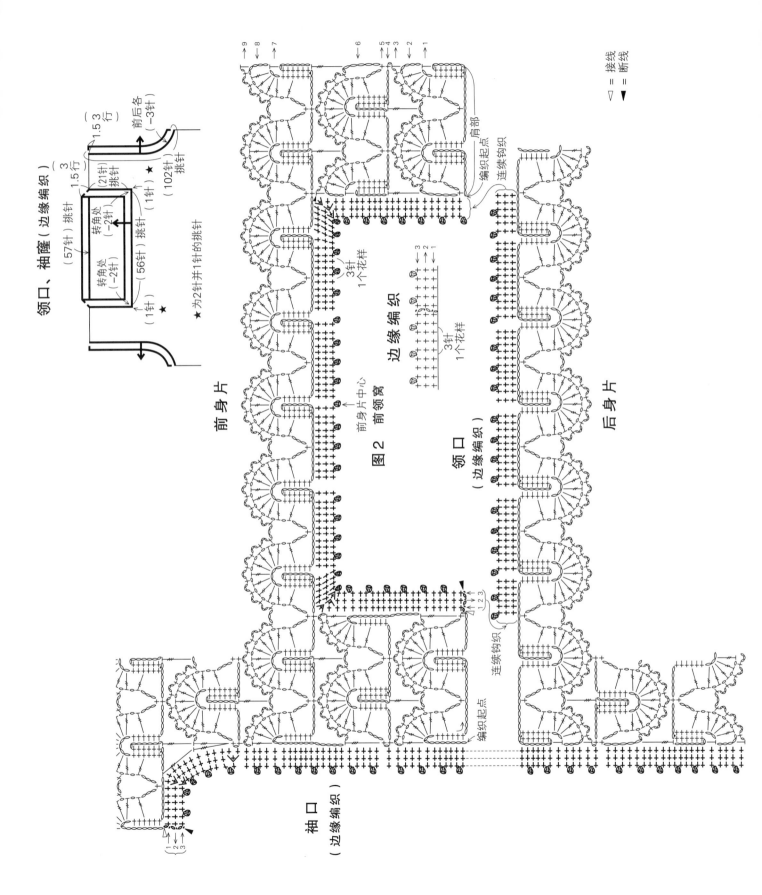

领口、袖窿（边缘编织）

图 2

前身片

后身片

领 口（边缘编织）

边缘编织

袖 口（边缘编织）

★ 为2针并1针的挑针

□ = 接线
▼ = 断线

22

24 页

● **材料** SKI Cotton Linen ~ 夏衣 ~（中细）浅米色（1003）350g/12 团

● **工具** 钩针 3/0 号

● **成品尺寸** 胸围 98cm，衣长 56cm，连肩袖长 38.5cm

● **花片 A 的大小** 7cm×7cm

● **编织要领** 整体为连接花片。花片 A 钩 10针锁针起针，立织 3 针锁针，再按 2 针锁针

和长针的方眼针花样钩织 3 行。然后在四周钩长针，钩织成正方形，最后钩织成近似八边形的形状。从第 2 个花片开始，在最后一行钩引拔针与前一个花片进行连接。按图中数字的顺序钩织并连接花片，连成套头衫的形状后，在胁部的左右两侧各钩入 1 个花片。接着钩织花片 B，钩引拔针与花片 A 连接，填充花片之间的空隙。

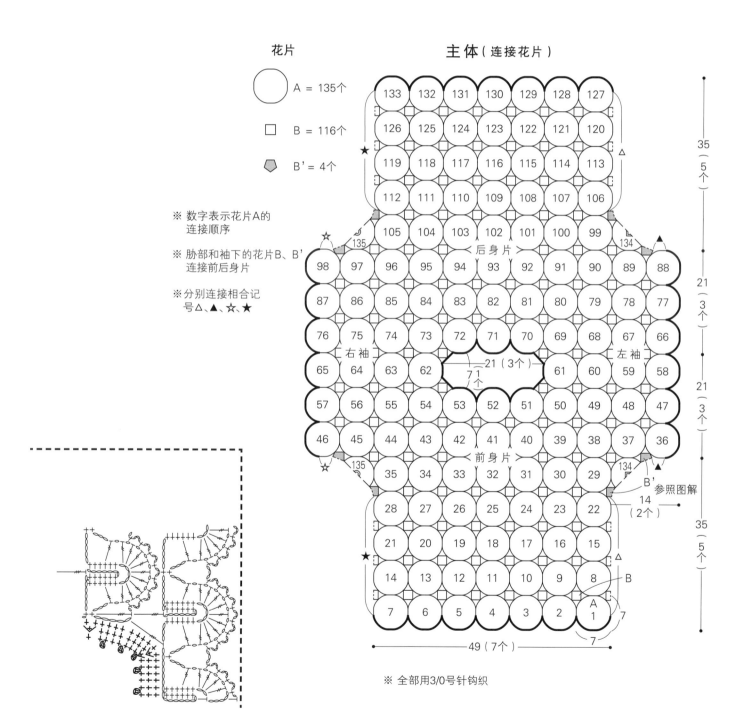

花片

A = 135个

B = 116个

B' = 4个

※ 数字表示花片A的连接顺序

※ 胁部和袖下的花片B、B'连接前后身片

※ 分别连接相合记号△、▲、☆、★

主体（连接花片）

后身片

前身片

右袖　左袖

B'　参照图解

14（2个）

B

A 1

35（5个）

21（3个）

21（3个）

35（5个）

21（3个）

7 1个

49（7个）

※ 全部用3/0号针钩织

87

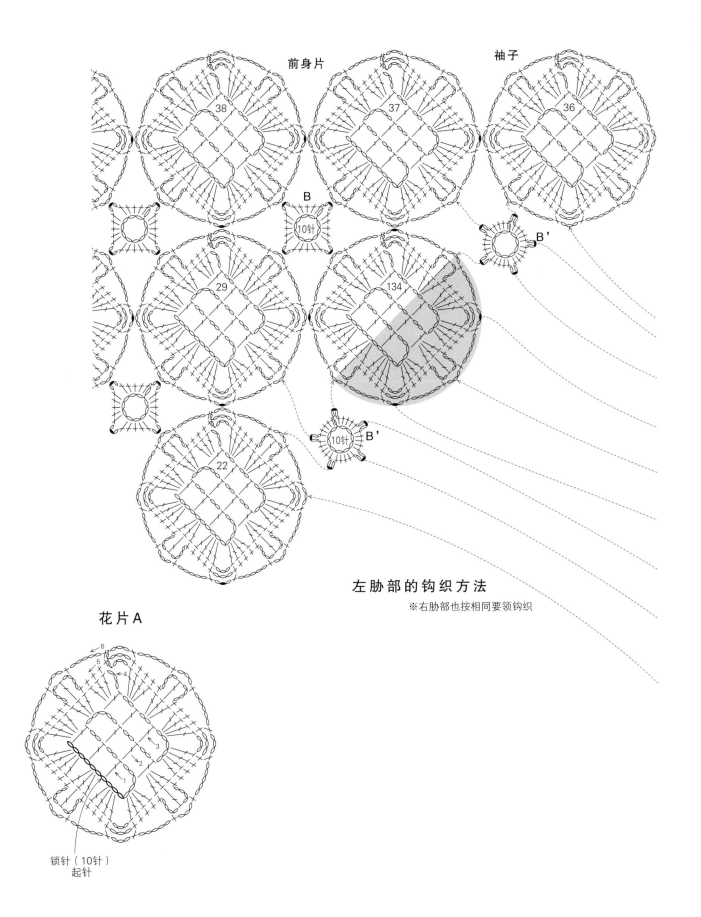

前身片　　　　　　　　　袖子

38　　　　　37　　　　　36

B

10针

B'

29　　　　　134

22　　　　　10针　　B'

左胁部的钩织方法

※右胁部也按相同要领钩织

花片 A

6
5
4
3
2
1

锁针（10针）
起针

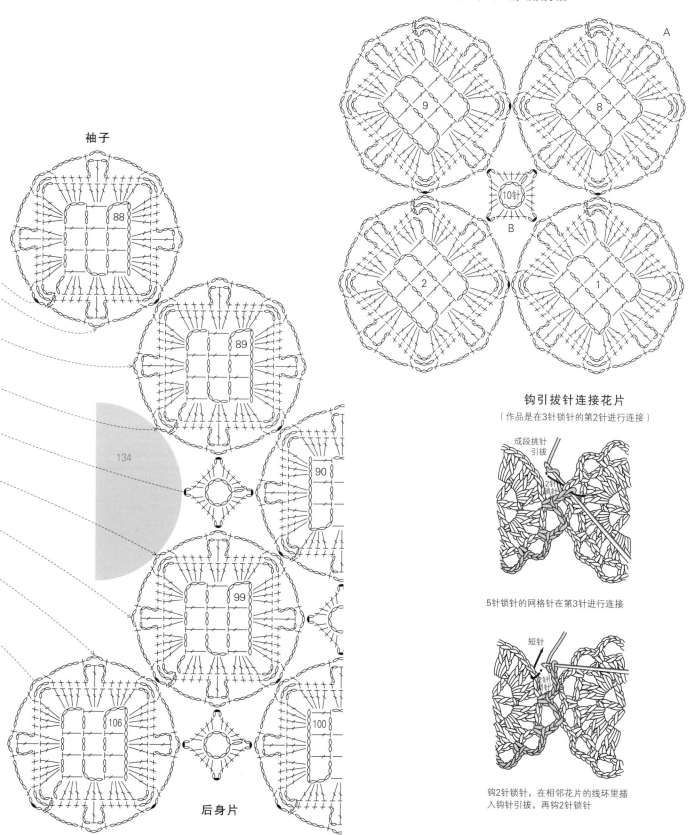

花片A、B的连接方法

钩引拔针连接花片
（作品是在3针锁针的第2针进行连接）

5针锁针的网格针在第3针进行连接

钩2针锁针，在相邻花片的线环里插入钩针引拔，再钩2针锁针

袖子

后身片

●材料　SKI Adessa（粗）藏青色系（1807）320g/13 团
●工具　棒针6号、5号
●成品尺寸　胸围100cm，衣长58cm，连肩袖长59cm
●编织密度　10cm×10cm面积内：编织花样B 24.5针，30行
●编织要领　前、后身片手指挂线起针后按编织花样A开始编织，然后换成编织花样B继续编织。在连接衣袖处用线做上记号。领窝减

2针以上时做伏针减针，减1针时立起侧边1针减针。斜肩做留针的往返编织。袖子也按身片相同要领编织，袖下在边上1针内侧做扭加针。前、后身片的肩部做引拔接合，袖子与身片正面相对对齐，从袖子一侧钩引拔针接合。胁部和袖下使用毛线缝针挑针缝合。领口环形挑针后编织双罗纹针，最后做双罗纹针的收针。下摆和袖口为了呈现锯齿形效果，插上珠针固定后用蒸汽熨斗熨烫定型。

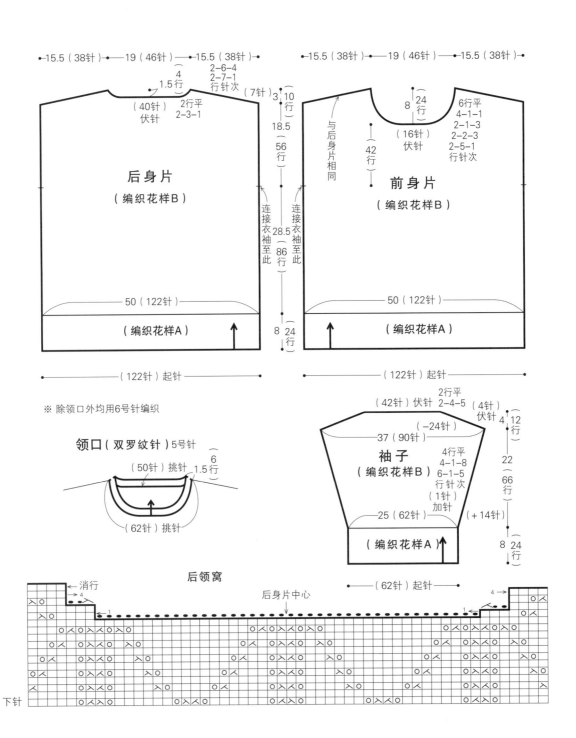

后领窝

□ = 冂 下针

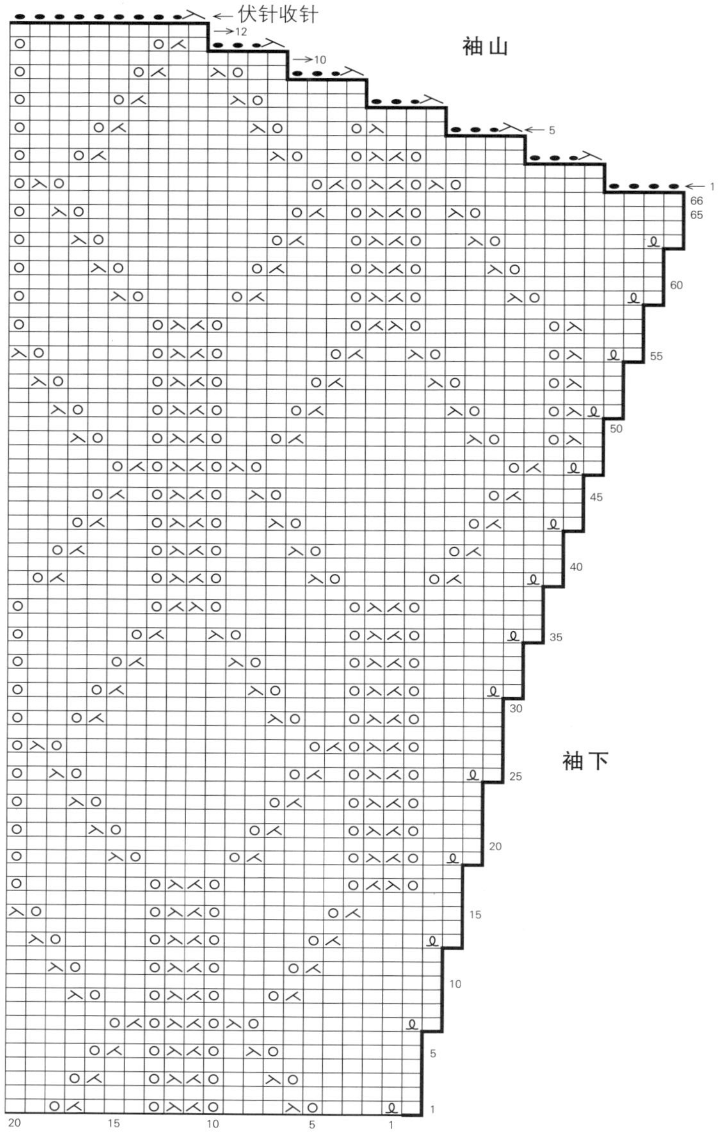

編織花樣

B

40　35　30　25　20　15　10　5　1　24　20　15　10　5　1

A

編織起點

身片編織終點

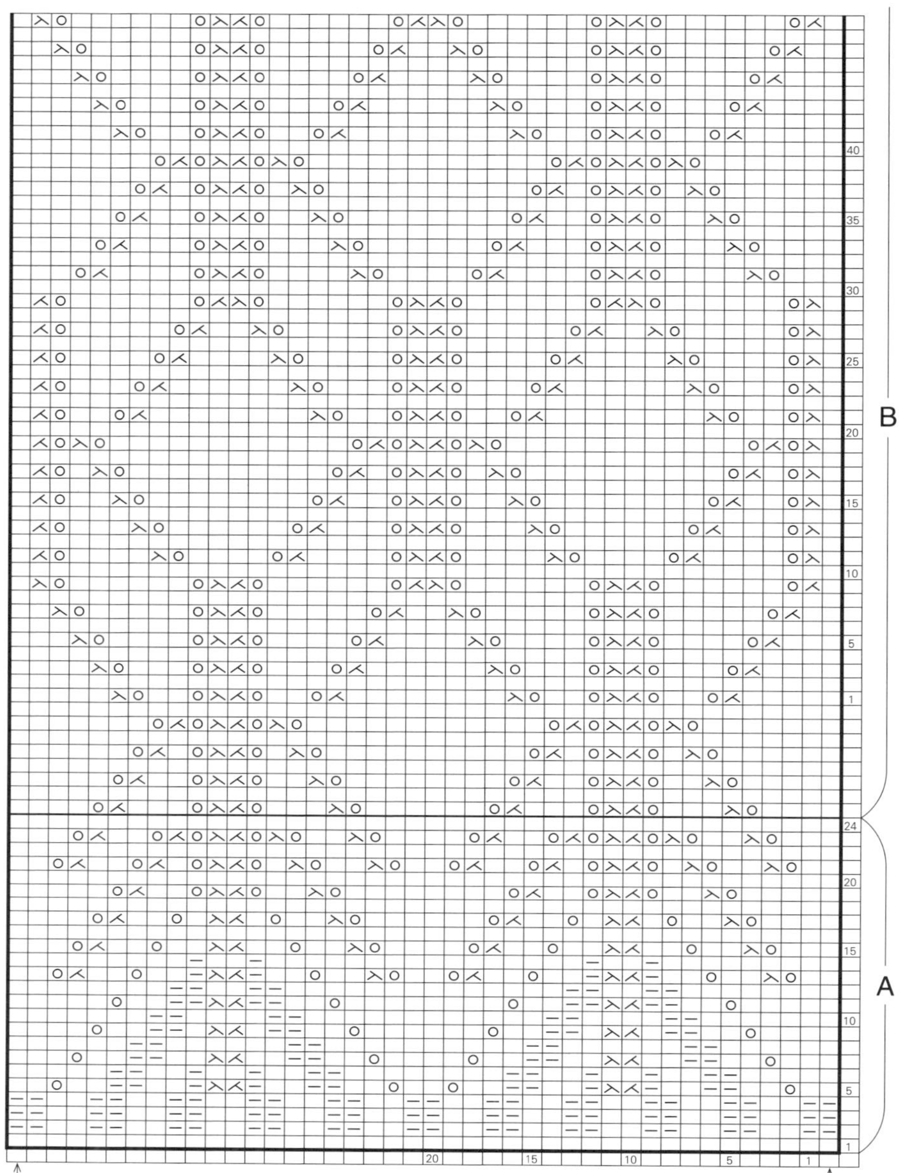

□ = □ 下針

袖山

袖下

伏針收針

□ = □ 下針

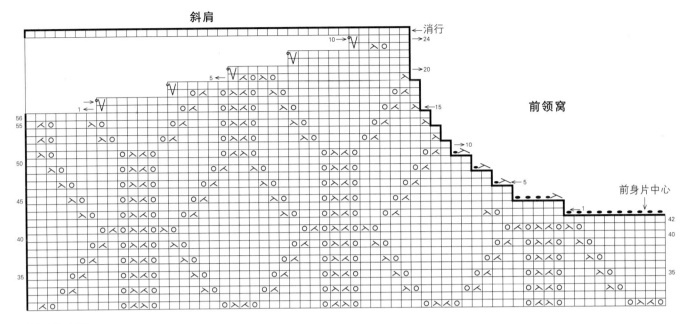

斜肩

前领窝

→消行
→24
→20
→15
→10
→5
→1

10→ V
5← V
1→ V

□ = 工 下针

前身片中心

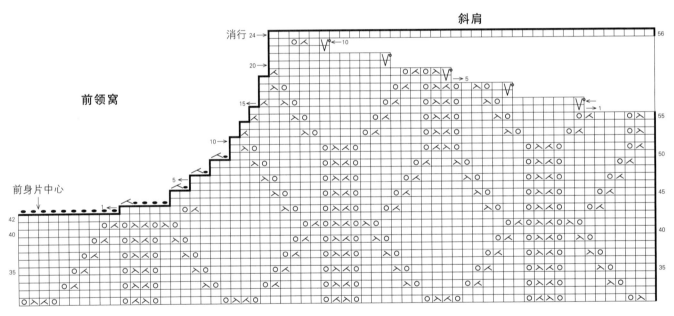

斜肩

前领窝

消行 24→
20→
15→
10→
5→
1→

10→ V
5→ V
1← V

前身片中心

□ = 工 下针

92

25
28页

● **材料** SKI Adessa（粗）米灰色系（1801）250g/10 团
● **工具** 棒针 7 号、5 号，钩针 5/0 号、6/0 号
● **成品尺寸** 胸围 104cm，衣长 51cm，连肩袖长 35cm
● **编织密度** 10cm×10cm面积内：编织花样 24.5针，28行
● **编织要领** 用编织用线和 6/0 号针钩织锁针起针，然后直接在锁针的里山挑针，按编织花

样 A 开始编织。最后一行换针按编织花样 B 继续编织。前、后身片下摆的编织花样 A 长度不同。袖下的加针做卷针加针，领窝减 2 针以上时做伏针减针，减 1 针时立起侧边 1 针减针。前、后身片的肩部做盖针接合，领口按编织花样 A 环形编织，袖口按编织花样 A 往返编织，最后用钩针一边钩狗牙针一边做引拔收针。胁部和袖下使用毛线缝针挑针缝合至开衩止位。

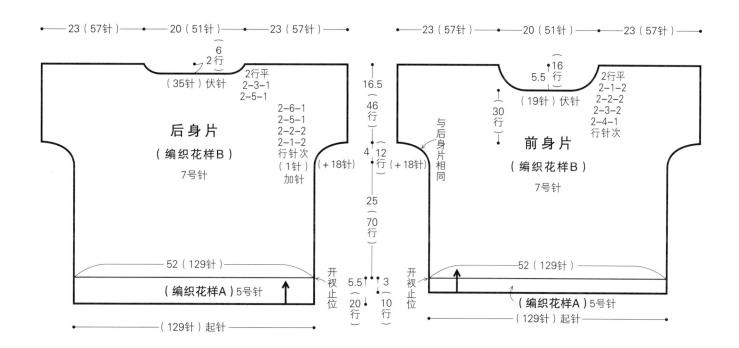

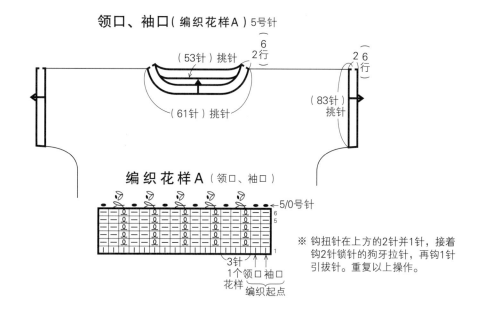

※ 钩扭针在上方的2针并1针，接着钩2针锁针的狗牙拉针，再钩1针引拔针。重复以上操作。

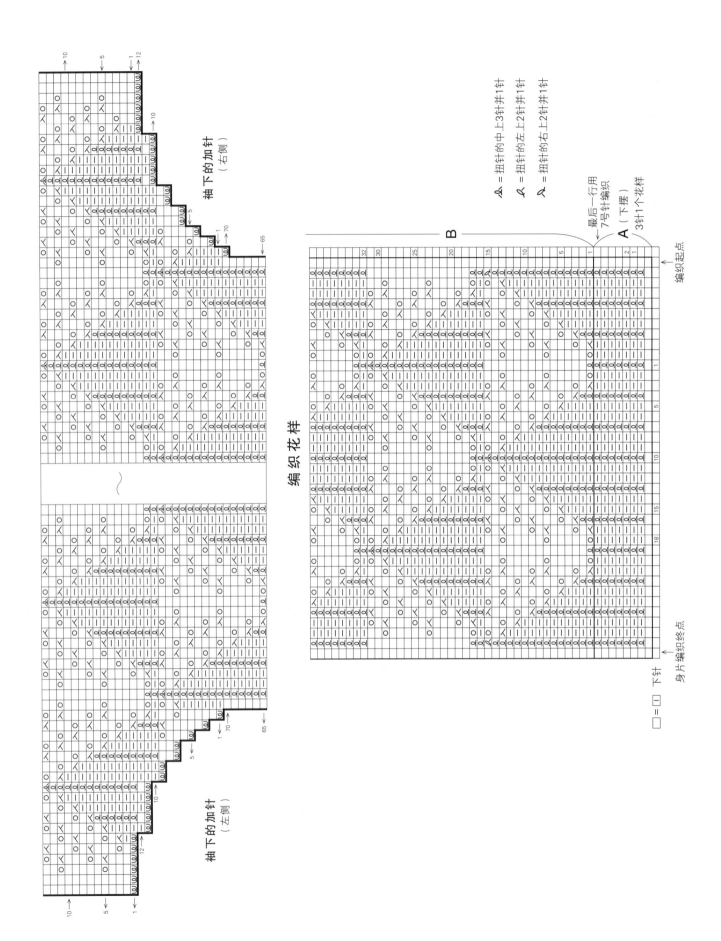

袖下的加针
（右侧）

袖下的加针
（左侧）

编织花样

Ａ = 扭针的中上3针并1针
Ａ = 扭针的左上2针并1针
Ａ = 扭针的右上2针并1针

最后一行针编织
7号针编织
（下摆）

编织起点

B

A
3针1个花样

□=□ 下针

身片编织终点

编织起点

编织终点

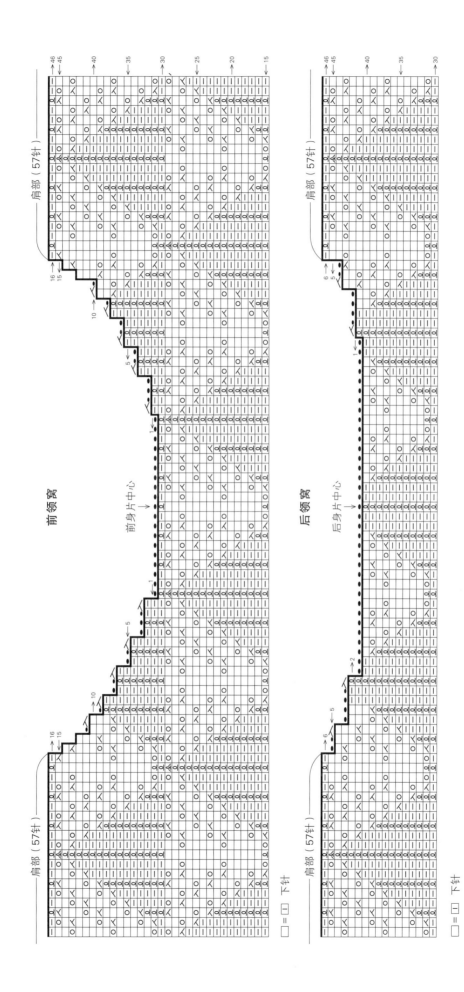

前领窝

后领窝

□ = □ 下针

□ = □ 下针

●材料 SKI Adessa（粗）藏青色系
（1807）70g/3 团，米色系（1801）
15g/1 团
●工具 钩针 5/0 号、6/0 号
●成品尺寸 头围 54cm，帽深 20cm
●编织密度 10cm×10cm面积内：
编织花样B 24针，25行（帽身）
●编织要领 用藏青色系线在帽顶环
形起针，第 1 圈钩入 8 针短针，第 2
圈按"1 针锁针、1 针短针"钩织。
如图所示，一边朝同一个方向钩织，
一边 8 等分进行加针。帽身部分无
须加、减针，按编织花样 B 钩织条
纹花样，每隔 1 圈改变钩织方向。
第 27 圈要穿入细绳，所以钩短针时
需将底部拉长一点。帽檐用藏青色系
线按编织花样 A 8 等分加针钩织，第
12 圈用米色系线成段挑起第 10 圈的
锁针钩织，第 13 圈成段挑起第 11
圈的锁针钩织。钩织小花饰，缝在帽
身后面，然后穿入细绳。

图3 帽檐 编织花样A ※除第12圈外均用藏青色系线钩织

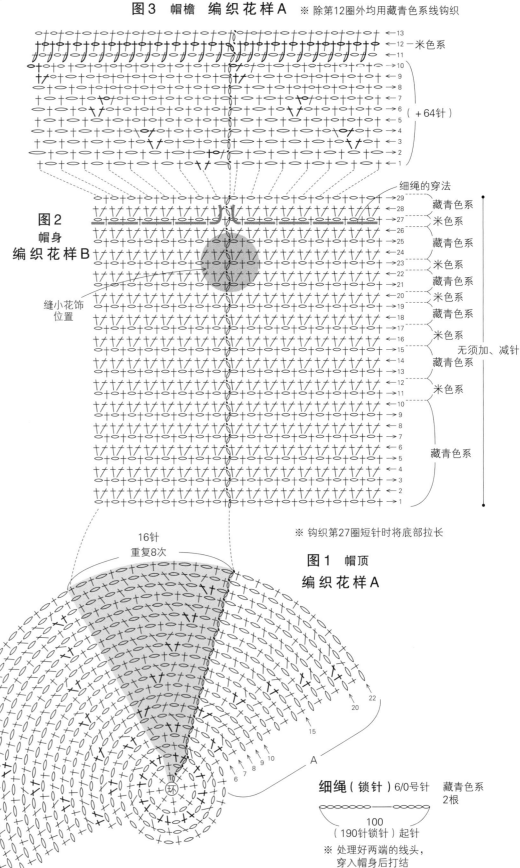

图2
帽身
编织花样B

缝小花饰
位置

细绳的穿法

※ 钩织第27圈短针时将底部拉长

图1 帽顶
编织花样A

16针
重复8次

细绳（锁针）6/0号针 藏青色系
2根

100
（190针锁针）起针

※ 处理好两端的线头，
穿入帽身后打结

● **材料** SKI Gypsy Lamé（中细）
蓝色系（1702）50g/2 团
● **工具** 钩针 6/0 号
● **成品尺寸** 宽 13.5cm，长 120cm
● **编织密度** 编织花样A：1个花样33
针（13.5cm），4 行（5.7cm）
● **编织要领** 锁针起针，在锁针的里
山挑针开始钩织。整体按编织花样 A
钩织。长长针要钩出足够的长度，侧
边的 3 卷长针也要拉长，以免织物
不够平整。最后换成编织花样 B 钩织，
起针一侧也按编织花样 B 钩织。

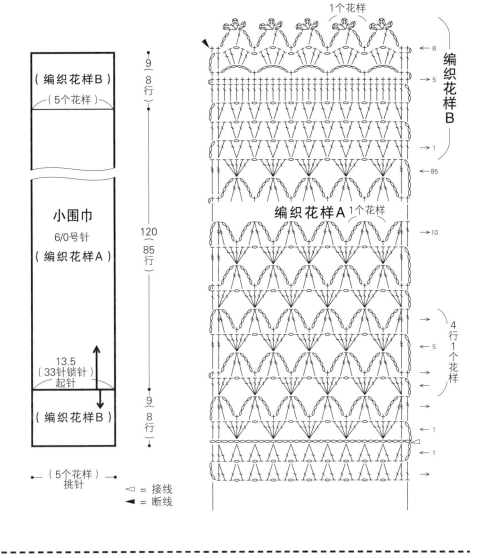

小围巾
6/0号针
（编织花样A）

（编织花样B）
（5个花样）

9（8行）

120（85行）

13.5
（33针锁针）
起针

（编织花样B）

9（8行）

—（5个花样）
挑针

◁ = 接线
◀ = 断线

1个花样

编织花样B

→ 8
→ 5
→ 1
← 85

编织花样A 1个花样

→ 10
← 5
→ 1
← 1

4行1个花样

帽顶的加针

圈	针数	加、减针
22	128针	无须加、减针
21	128针	+8针
20	120针	+8针
19	112针	无须加、减针
18	112针	+8针
17	104针	+8针
16	96针	无须加、减针
15	96针	+8针
14	88针	+8针
13	80针	无须加、减针
12	80针	+8针
11	72针	+8针
10	64针	无须加、减针
9	64针	+8针
8	56针	+8针
7	48针	+8针
6	40针	+8针
5	32针	无须加、减针
4	32针	+8针
3	24针	+8针
2	16针	+8针
1	8针	

帽子（编织花样）

（8针）
6/0号针
帽顶（A）图1
（128针）
6/0号针
帽身（B）图2
54（128针）
帽檐（A）5/0号针
68（192针）

8.5 22圈
11.5 29圈
4.5 13圈 图3

小花饰

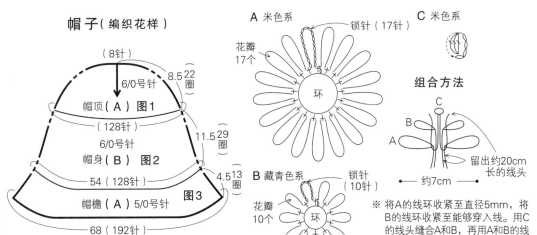

A 米色系
锁针（17针）
花瓣 17个
环

C 米色系

B 藏青色系
锁针（10针）
花瓣 10个
环

组合方法
C
B
A
留出约20cm长的线头
约7cm

※ 将A的线环收紧至直径5mm，将
B的线环收紧至能够穿入线。用C
的线头缝合A和B，再用A和B的线
头将小花饰缝在帽子上。

● **材料** SKI Cagall（中细）橘色系（1901）
80g/3 团
● **工具** 钩针 5/0 号
● **成品尺寸** 宽 22cm，长 119cm
● **编织密度** 10cm×10cm 面积内：编织花样 28 针，14 行
● **编织要领** 锁针起针，在锁针的里山挑针开始钩织。整体按编织花样钩织。第 2 行之后的短针成段挑起前一行的锁针钩织。最后一行按 "3 针锁针、1 针短针" 钩织，调整形状。最后在周围钩织边缘编织。

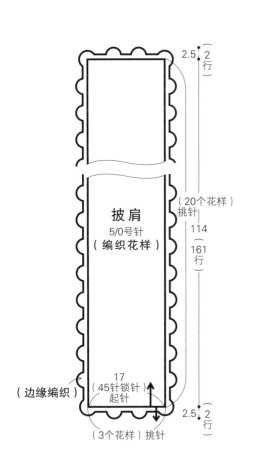

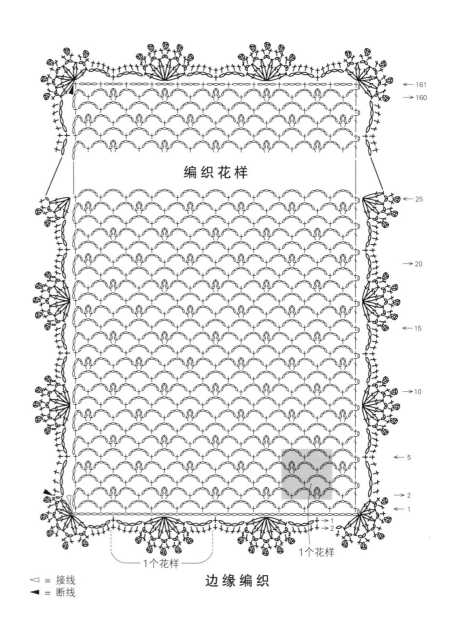

◁ = 接线
◀ = 断线

98

26 / 29 页

●**材料** SKI Liliana（粗）黄色＋淡蓝色（1502）170g/7 团
●**工具** 钩针 6/0 号
●**成品尺寸** 胸围 92cm，衣长 52cm，连肩袖长 23cm
●**编织密度** 10cm×10cm面积内：编织花样 24针，5.5行
●**编织要领** 身片锁针起针，在锁针的半针和里山挑针按编织花样钩织，两端各钩 2 针长长

针。袖窿和领窝如图 1~3 所示进行减针。下摆按边缘编织钩织，钩第 2 行时将第 1 行翻折，然后成段挑起编织花样的起针锁针进行钩织，与第 1 行呈重叠状态。前、后身片的肩部使用毛线缝针挑针缝合，胁部同样挑针缝合至开衩止位。领口按边缘编织钩织 1 行。袖口的第 1 行沿袖窿钩织一圈，但是第 2 行开始做往返钩织，使腋下部分呈分开状态。

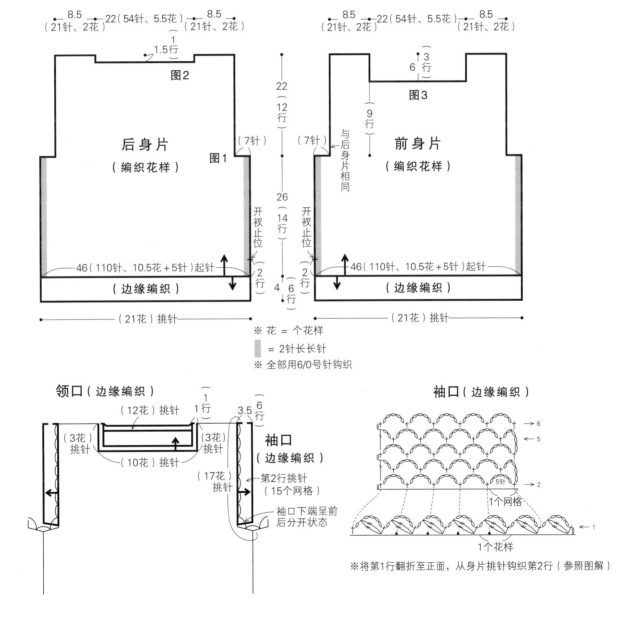

图2

8.5
（21针、2花）

22（54针、5.5花）

8.5
（21针、2花）

1
1.5行

后身片
（编织花样）

图1

（7针）

开衩止位

46（110针、10.5花＋5针）起针

（边缘编织）

（21花）挑针

8.5
（21针、2花）

22（54针、5.5花）

8.5
（21针、2花）

3
6行

图3

前身片
（编织花样）

（7针）

与后身片相同

9行

开衩止位

46（110针、10.5花＋5针）起针

（边缘编织）

（21花）挑针

22
（12行）

26
（14行）

4
（6行）

2行

2行

※ 花 ＝ 个花样

＝ 2针长长针

※ 全部用6/0号针钩织

领口（边缘编织）

（12花）挑针
1
1行

（3花）
挑针

（10花）挑针

（3花）
挑针

3.5
6行

（17花）
挑针

袖口
（边缘编织）

第2行挑针
（15个网格）

袖口下端呈前后分开状态

袖口（边缘编织）

→6
←5
→4
5针
←2
1个网格
1个花样
→1
←1

※将第1行翻折至正面，从身片挑针钩织第2行（参照图解）

99

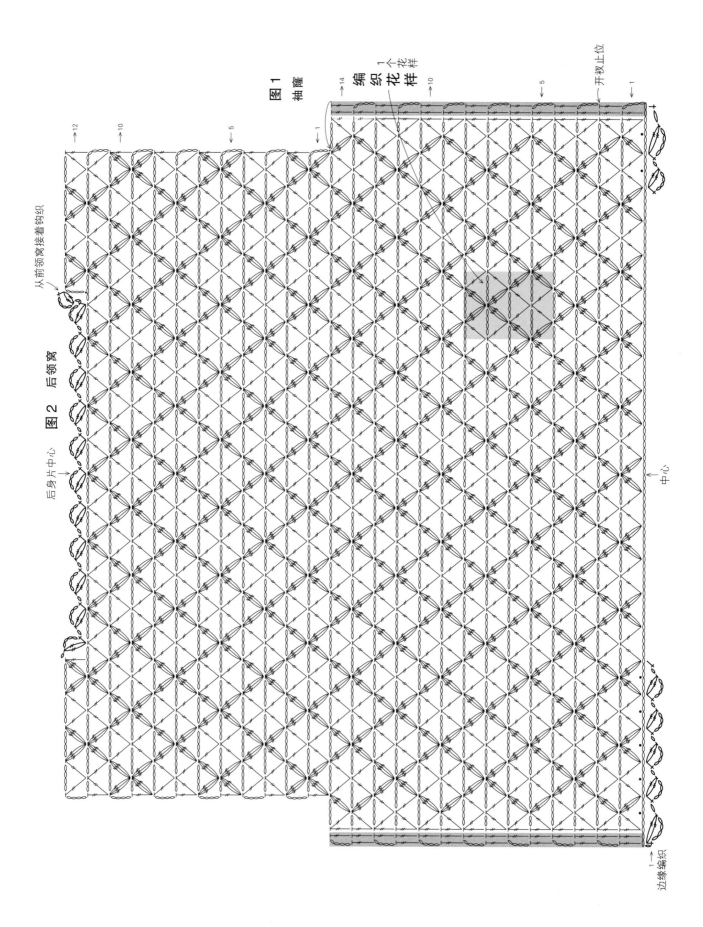

图 1
袖窿

编织花样
1个花样

→14

→10

→5

开衩止位

→1

图 2 后领窝

后领窝

从前领窝接着钩织

后身片中心

→12

→10

→5

→1

中心

边缘编织

1→

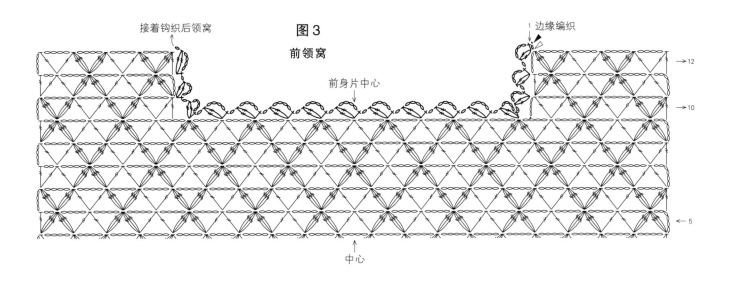

接着钩织后领窝

图3

前领窝

前身片中心

↑1边缘编织

→12

→10

←5

前身片中心

中心

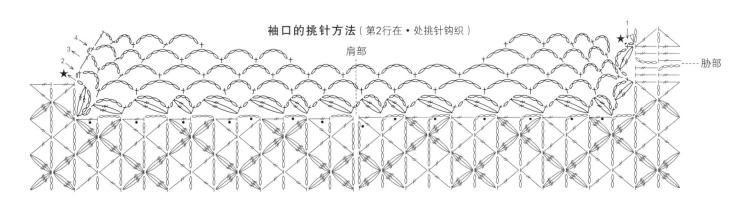

袖口的挑针方法（第2行在·处挑针钩织）

4

3

2

★0

肩部

1

★0

胁部

◁ = 接线

◀ = 断线

边缘编织（下摆）

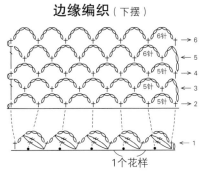

6针 →6

6针 →5

6针 →4

5针 →3

5针 →2

→1

1个花样

※ 将第1行翻折至正面，成段挑起编织花样
　的锁针钩织第2行

101

●材料 SKI Cagall（中细）玫红色系（1903）60g/2 团

●工具 钩针 5/0 号

●成品尺寸 宽 18cm，长 118cm

●花片的大小 9cm×8cm

●编织要领 逐个钩织扇形花片，一边钩织一边连接。第 2 行在第 1 行的 9 针锁针里成段

挑针钩 17 针长针。如图所示，钩完 6 行后接着钩织下一个花片，一边与前一个花片连接一边继续钩织。钩完 13 个花片 A 后，钩织 3 个花片 A'，注意连接方法稍有不同，此时花片的方向也发生了变化。接着，一边与另一侧的花片连接，一边继续钩织 12 个花片 A。

30
31 页

围巾（连接花片）5/0号针

花片 A ＝ 25 个
花片 A'＝ 3 个

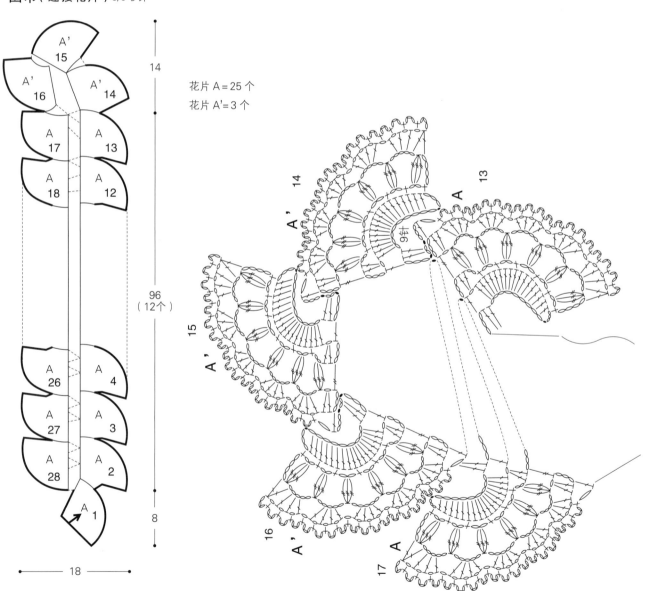

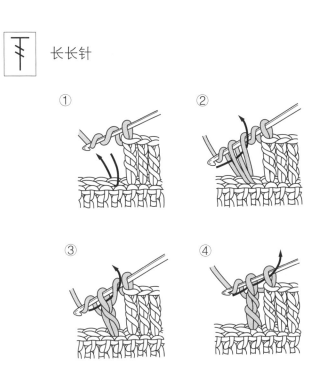

长长针

花片的连接方法

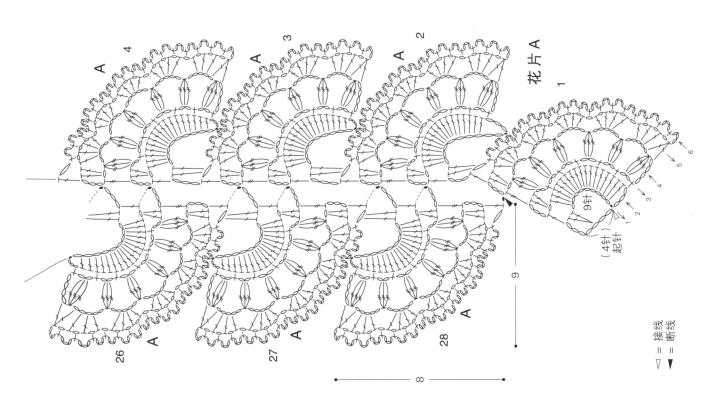

花片A

= 接线
= 断线

日本宝库社授权河南科学技术出版社在中国大陆独家出版发行本书中文简体字版本。

版权所有，翻印必究

备案号：豫著许可备字–2017–A–0156

图书在版编目（CIP）数据

唯美手编. 5, 清爽的配色编织/日本宝库社编著; 蒋幼幼译. —郑州: 河南科学技术出版社, 2019.9

ISBN 978–7–5349–7057–3

Ⅰ.①唯… Ⅱ.①日… ②蒋… Ⅲ.①手工编织—图集 Ⅳ.①TS935.5–64

中国版本图书馆CIP数据核字（2019）第157843号

出版发行：河南科学技术出版社

　　　　　地址：郑州市郑东新区祥盛街27号　　邮编：450016

　　　　　电话：（0371）65737028　　65788613

　　　　　网址：www.hnstp.cn

策划编辑：刘　欣

责任编辑：余水秀

责任校对：马晓灿

封面设计：张　伟

责任印制：张艳芳

印　　刷：北京盛通印刷股份有限公司

经　　销：全国新华书店

开　　本：889 mm×1 194 mm　1/16　　印张：6.5　　字数：150千字

版　　次：2019年9月第1版　　2019年9月第1次印刷

定　　价：39.00元